SHT ODER CTE

WAS ZUM TEUFEL
STIMMT NICHT MIT MIR?

MARK TULLIUS

VINCERE
P R E S S

Herausgegeben von Vincere Press
65 Pine Ave., Ste. 806
Long Beach, CA 90802

Gedruckt in den Vereinigten Staaten von Amerika
Erste Ausgabe
ISBN: 978-1-938475-68-9

Foto und Umschlaggestaltung von Karl Dominey
www.domineyphotography.com
Grafische Gestaltung von Florencio Ares aresjun@gmail.com

Für Michael und Sara
Dieses Buch wäre nicht geschrieben worden, wenn ihr
mir nicht euer Zuhause und eure Herzen geöffnet
hättet. Ich werde das immer zu schätzen wissen.

SHT ODER CTE

WAS ZUM TEUFEL
STIMMT NICHT MIT MIR?

Inhalte

ANMERKUNG DES AUTORS

Ich bin kein Wissenschaftler, Arzt, Gesundheitsexperte oder Vorbild. Ich bin nur ein Typ, der versucht, seinen besten Weg durchs Leben zu finden. Mein Ziel ist es nicht, Sie zu einem Experten für traumatische Hirnverletzungen oder Hirngesundheit zu machen. Vielmehr möchte ich Ihnen helfen, einen ehrlichen Blick auf sich selbst zu werfen und Sie mit der Hoffnung erfüllen, dass Sie Ihr geistiges Wohlbefinden verbessern können.

Anstelle eines Buches voller Fußnoten finden Sie am Ende dieses Buches eine Liste aller Bücher und Websites, denen ich bei der Informationsbeschaffung vertraut habe. Ich möchte Sie ermutigen, in diesen Büchern nach tieferen Erklärungen zu suchen und Ihre eigenen Nachforschungen in anderen Quellen anzustellen. Wir sind alle einzigartige Individuen, und was für mich funktioniert, bedeutet nicht, dass es auch für Sie funktioniert. Ich wünsche Ihnen das Beste und hoffe, dass dieses Buch Ihnen hilft, eine bessere Lebensqualität zu erreichen.

Prolog

Ich sollte nie wieder eine Waffe besitzen. Das habe ich gerade niedergeschrieben, bevor ich es wegrationalisiert habe.

Mir selbst keine Waffe anzuvertrauen, ist ein beängstigender Gedanke, nicht der, den ich an einem Samstagabend haben sollte, nachdem ich in der ersten Reihe beim Subversive Brazilian Jiu-Jitsu Turnier gesessen habe, das meine 10th Planet Teamkollegen dominiert haben. Ich war versucht, vor der Show Cannabis zu konsumieren, aber ich blieb absichtlich nüchtern, weil ich mir bewusst war, dass ich in einer schlechten Stimmung war, die untersucht werden musste, anstatt sie im Rauch zu versenken.

In der Nähe von Menschenmengen ist meine Angst generell groß, und laute Musik verstärkt sie nur noch. Meine Frau, Jen, war verständnisvoll und half mir am Veranstaltungsort damit umzugehen. Und obwohl ich die Spiele genoss, wurde mir in den Pausen zwischen ihnen klar, dass es ein Problem gab. Alle anderen unterhielten sich und hatten Spaß, und ich saß da am Rande der Tränen, unfähig zu erklären, was zur Hölle ich durchmachte.

Jetzt, wo ich sicher zu Hause bin und darauf warte, dass mein Verdampfer warm wird, verstehe ich, dass ein Teil des Problems eine Depression ist. In den letzten zwei Jahren konnte ich aufgrund von Nacken-, Rücken- und Schulterproblemen nicht viel trainieren. Jiu-Jitsu war ein großer Teil meines Lebens und es ist ätzend, nicht trainieren zu können. Doch es steckt noch mehr dahinter.

Nachrichtenberichte wiederholen sich immer wieder in meinem Kopf. Junior Seau und Andre Waters, die sich umgebracht haben. Aaron Hernandez und sein zerstörtes Gehirn, verurteilt für den Mord an einem Freund. Ich mache mir Sorgen um Gary Goodridge und meine zahlreichen MMA- und Boxfreunde, die mit unterschiedlichen Graden von Hirnschäden zu kämpfen haben. Ich denke an meine Teamkollegen von der Brown University, die sich mit Hirnforschung beschäftigen. Mit einem von ihnen habe ich gerade drei Tage lang darüber gesprochen, was die Chronische Traumatische Enzephalopathie (CTE) mit seinem Leben angerichtet hat und dass er aufgrund der Kombination aus der neurodegenerativen Krankheit und akuter myeloischer Leukämie nur noch kurze Zeit zu leben hat. Dieser Mann, dem man gesagt hatte, er habe den Frontallappen eines 75-Jährigen, ratterte Geschichten über mich herunter, an die ich mich nicht mehr erinnern kann, meine Zeit an der Brown und ein Großteil meines Lebens sind verschwommen.

Ich sage mir selbst, dass ich darüber hinwegkommen soll; ich mache das zu etwas Größerem, als es sein muss. Ich hatte nicht annähernd so viele Kopftraumata wie die NFL-Spieler. Abgesehen von übermäßigem Koffein- und Cannabiskonsum habe ich in den letzten zehn Jahren einen gesunden Lebensstil geführt. Wenn sich mein Gehirn verschlechtert, würde ich das sicher bemerken.

Aber ich kann nicht leugnen, dass das Gefühl zurück ist. Jenes, welches ich durch Yoga, Jiu-Jitsu, kognitive Therapie, Meditation, Kältetherapie, Alkohol und Psychedelika in Schach gehalten habe. Dieses dunkle, beängstigende Gefühl, das ich habe, seit ich zehn bin, wenn nicht sogar jünger.

Die Mischung aus Wut und Depression passt nicht mehr zu mir. Früher tat sie das, für das explosive Kind, den gestörten Teenager, den gescheiterten Boxer, den Verlierer, der nie etwas aus seinem Abschluss gemacht hat. Aber jetzt habe ich ein schönes Leben mit einer wunderbaren Frau und zwei unglaublichen Kindern. Wir sind finanziell abgesichert und alle sind gesund. Ich habe enge Freunde und ein gutes Unterstützungssystem. Ich veröffentliche Bücher in einem ordentlichen Tempo und habe eine Balance zwischen Familie und Schreiben gefunden.

Mein Verdampfer ist aufgewärmt, also schalte ich ihn ein, fülle den Beutel mit THC und atme ein. Lege noch einmal nach, denn, heilige Scheiße, ich will, dass dieses Gefühl verschwindet.

Aber ich bleibe dabei, ich will kein Feigling sein. Vielleicht hatte ich Glück und bin mit einem widerstandsfähigen Gehirn gesegnet, all die Gehirnerschütterungen und K.-o. Schläge haben keine bleibenden Auswirkungen. Jeder, der meine Romane gelesen hat, weiß, dass ich ein

Schwarzseher bin, vielleicht bin ich also einfach dazu verdrahtet, mich auf das Negative zu konzentrieren. Und selbst wenn all diese Hirnverletzungen Probleme verursachen würden, hätte ich sie sicher schon überwunden, besonders mit dem Behandlungsprotokoll, das ich einhalte.

Aber trotzdem muss ich die Symptome in Betracht ziehen.

Impulsives Verhalten: Schuldig. Ob Glücksspiel, Videospiele oder Drogen, ich kann ein Süchtiger sein.

Gedächtnisverlust: Das hier ist nicht einmal lustig. Ich kann Ihnen nicht sagen, wie oft mir Freunde Fotos von Veranstaltungen gezeigt haben, um zu beweisen, dass ich dabei war. Ich schiebe es auf das Kiffen.

Schwierigkeiten beim Planen und Ausführen von Aufgaben: Es dauert Tage, bis ich auf E-Mails antworte. Die kleinsten Dinge werden aufgeschrieben, in der Hoffnung, dass ich sie eines Tages erledigen werde.

Substanzmissbrauch: Einunddreißig Jahre Cannabis und mehr, verbunden mit vielen Experimenten.

Emotionale Instabilität: Das ist nicht immer der Fall. Normalerweise bin ich ein ziemlich glücklicher, sogar liebenswerter Typ, aber es braucht nicht viel, um das Schiff ins Wanken zu bringen. Eine Nacht mit schlechtem Schlaf und meine Emotionen sind völlig durcheinander. Ich reagiere nicht gut auf Konfrontationen.

Depression oder Apathie: Bis vor einem Jahr hätte ich mich nie als depressiv bezeichnet, aber das liegt nur an dem Stigma, das hinter diesem Wort steckt. Es lässt sich nicht leugnen, dass es das ist, was ich erlebe.

Selbstmordgedanken oder -verhalten: Ich kämpfte fast mein ganzes Leben damit und verbrachte zu viele meiner Nächte auf dem College mit einer Waffe im Mund. Jetzt, wo ich Kinder habe, würde ich so etwas nie tun, und der Drang jedoch schlummerte in den letzten zehn Jahren in mir, aber selbst eine Spur dieser Selbstzerstörungskraft ist etwas, dessen ich mir bewusst sein muss.

Unabhängig von der Quelle des Schadens stimmt also etwas nicht mit mir. Ob es nun von einer traumatischen Hirnverletzung (SHT), CTE, Drogenmissbrauch, Narben aus der Kindheit oder der guten alten Genetik herrührt, mein Gehirn ist in keiner guten Verfassung.

Aber es ist alles gut.

Ich werde es in Ordnung bringen.

Das muss ich.

Kapitel Eins

Ich wollte dieses Buch nie schreiben. Tatsächlich habe ich mir während des Schreibens von *Unlocking the Cage*, meiner Erkundung von Mixed Martial Artists, geschworen, nie wieder ein Sachbuch zu schreiben. Der Prozess, zu 100 Fitnessstudios zu reisen und 400 Kämpfer und Trainer zu interviewen, war eines der besten Dinge, die ich je getan habe, aber es war auch zeitaufwendig, teuer und körperlich anstrengend. Und es hat mich von meiner Fiktion entfernt, wo ich kontrolliere, ob das Ende glücklich oder traurig ist.

Bevor ich *UTC* schrieb, war ein Hirnschaden das, woran ich am wenigsten dachte. Damals, als ich kämpfte und Football spielte, machte ich mir Sorgen über wochenlange Kopfschmerzen und Sprachprobleme, aber ich schien mich von all dem zu erholen. Der letzte Schlag gegen meinen Kopf ereignete sich 2004 und ich fühlte mich gut, meine hohen Punktzahlen bei der Gehirntrainings-App Lumosity waren Beweis genug, dass ich es irgendwie unbeschadet überstanden hatte.

Also stürzte ich mich 2012 mit meinem unförmigen, 40-jährigen Arsch ins MMA-Training und kam immer besser in Form, bis ich schließlich Sparring machte. Trotz Gehirnerschütterungen, die ich mir beim Team Quest in Oregon zugezogen hatte, trotz eines beinahe-Knock-outs bei Syndicate MMA in Las Vegas, trotz eines fiesen Kopftritts bei Alliance MMA in Chula Vista und trotz brutaler Schläge von Fabricio Werdum und Renato Babalu bei King's MMA in Huntington Beach, wollte ich mit 41 Jahren einen Kampf bestreiten, bei dem es absolut nichts zu gewinnen gab.

Es war im Oktober 2013, zwei Tage nachdem ich mit einem Matchmaker gesprochen hatte, um einen Gegner für mich zu finden, und ich hatte gerade die Fortgeschrittenen-Klasse im 10th Planet Jiu-Jitsu Headquarters in Los Angeles überlebt, wo ich ein paar Wochen trainiert hatte. Ich war erschöpft und alles tat weh, aber der MMA-Trainer überredete mich zum Sparring mit seinen jungen Kämpfern. Es war hässlich, aber ich hielt vier Runden lang durch, ohne einen Herzinfarkt zu bekommen.

Auf dem Weg zum Auto fragte mich mein Jugendfreund und Fotograf Brian Esquivel, ob ich irgendwelche Artikel über Hirnschäden bei Footballspielern und MMA-Kämpfern gelesen hätte. So feinfühlig wie er konnte, wies er darauf hin, dass ich von Sportlern, die halb so alt waren wie ich, verprügelt wurde.

In dieser Nacht ging ich mit starken Kopfschmerzen ins Bett, bevor ich weiter recherchieren konnte, aber am nächsten Tag fing ich an zu recherchieren. Ich entdeckte, das Wissen, dass ein Schlag auf den Kopf nicht gesund ist, und das Verständnis, warum es nicht gesund ist, was zwei sehr unterschiedliche Dinge sind.

Je mehr ich über SHT las, desto mehr fürchtete ich, dass ich es wirklich vermasselt hatte. Ich war ein leichtsinniges Kind, das seine erste ernsthafte Gehirnerschütterung erlitt, als es mit sechs oder sieben Jahren mit dem Kopf auf einen Schulhof-Sprinkler aufschlug. Es ist unmöglich zu zählen, wie viele ich seitdem hatte, aber es waren viele. In 7 Jahren Highschool- und College-Football habe ich sechsmal das Bewusstsein verloren. Außerdem hatte ich ein ständiges Trauma, weil ich wie ein Rammbock auf der Defensive Line spielte und immer mit dem Helm gegen den Helm schlug. Als ich versuchte, eine MMA-Karriere zu starten, wurde ich zweimal k. o. geschlagen. Bei zwei weiteren Gelegenheiten wurde mein Gehirn so stark durchgeschüttelt, dass ich mindestens 15 Minuten komplett verlor, und es gab eine lächerliche Anzahl von Fällen, in denen ich ein Fitnessstudio mit einer mittelschweren Gehirnerschütterung verließ. In den 2 Jahren, in denen ich geboxt habe, habe ich ständig meine Worte gelallt und deren Reihenfolge vertauscht. Dazu kommen ein paar Motorradunfälle und ein Autounfall mit 70 km/h, und es ist erstaunlich, dass ich meinen eigenen Namen schreiben kann, geschweige denn Romane.

Das kumulative Hirntrauma macht mich zu einem Hauptkandidaten für Demenz und war wahrscheinlich für mein lückenhaftes Gedächtnis verantwortlich.

Wie ironisch, dass ich jetzt meine Leidenschaft für das Schreiben gefunden hatte und es bis zum Tag meines Todes tun wollte, und es sah so aus, als ob ich einige dieser Jahre unfähig sein würde, für mich selbst zu sorgen.

Entschlossen, meine Chancen für Demenz nicht noch weiter zu verschlechtern, versprach ich Jen, keine Schläge auf den Kopf mehr einzustecken und mich mit der etwas sanfteren Kunst des Jiu-Jitsu zufriedenzugeben. Ich bin stolz darauf, dass ich dieses Versprechen nur ein einziges Mal gebrochen habe, ein letztes leichtes Sparring bei Lauzon MMA in Massachusetts, um mir die Lektion zu verdeutlichen, dass ich das Risiko nicht länger rationalisieren konnte.

Obwohl ich mir keine übermäßigen Sorgen um meine Gehirngesundheit machte, war ich besorgt genug, um einige Empfehlungen umzusetzen, die ich im Internet gefunden hatte. Ich begann, Denkspiele auf Lumosity und einigen anderen Plattformen zu spielen, und meine Ergebnisse im oberen Prozentbereich versicherten mir, dass es mir gut ging.

Die andere wichtige Erkenntnis aus meiner begrenzten Recherche war die Bedeutung von Bewegung. Regelmäßiger Sport kann nicht nur Stress abbauen, Schmerzen lindern und das allgemeine Wohlbefinden verbessern, er ist auch gut für das Gefäßsystem im Gehirn. Glücklicherweise war ich motiviert, weiterhin Jiu-Jitsu zu trainieren und Yoga zu praktizieren, und fühlte mich mit 94 Kilogram so fit wie seit der Highschool nicht mehr.

Im Juli 2015 schrieb ich das Cleveland Clinic Lou Ruvo Center for Brain Health in Las Vegas an. Mehrere der Kämpfer, die ich für *UTC* interviewt hatte, waren Teilnehmer ihrer Studie zur Gehirngesundheit von Profikämpfern und empfahlen mir dringend, es zu versuchen, da die Studie sowohl pensionierte als auch aktuelle Kämpfer benötigte.

Die Klinik schickte mir einen Stapel von Formularen, deren Beantwortung ich bis eine Stunde vor meinem 10-Uhr-Termin aufschob. Es dauerte eine Weile, bis ich die Anzahl der Kämpfe, Runden und Gehirnerschütterungen zusammengezählt hatte. Zwischen Boxen und MMA hatte ich 14 Profikämpfe und eine Verlustbilanz, ein sicheres Zeichen dafür, dass ich mehr Schaden genommen hatte, als ich ausgeteilt hatte.

Ich fuhr zur Klinik, vorbei an der alten Boxhalle, in der ich von Schwergewichten, die ich im Fernsehen hatte kämpfen sehen, verprügelt worden war. Ich warf ein Cannabis-Kaubonbon ein, der einzige Weg, wie ich unter Stress funktionieren konnte. Wenn die Studie außerdem beurteilen wollte, wie ich im Alltag funktionierte, würde ihnen das den besten Einblick geben. Zur Halbzeit des 4-Stunden-Tests hatte ich ein weiteres Kaubonbon in meiner Tasche.

Während ich darauf wartete, dass das Cannabis wirkte, ging ich um das Gebäude herum, auch wenn ich von der Hitze schwitzte. Das Design des Gebäudes war einzigartig schön, ein metallisches Meisterwerk, entworfen von Frank Gehry, aber seine chaotischen Kurven erfüllten mich mit einem Gefühl des Grauens, dem Bild eines verdrehten Gehirns. Der Innenhof und die Umgebung waren jedoch entspannend und friedlich, und ich wurde von einem freundlichen Freiwilligen begrüßt, der mich zur Rezeption führte.

Die Lobby war voll; zweifellos war ich mit einem Abstand von mindestens 10 Jahren die jüngste Person. Ich fragte mich, an welcher Art von Gehirndegeneration die verschiedenen Personen wohl leiden würden. Ich sagte mir, ich passe nicht hierher. Zumindest jetzt noch nicht.

Ein Assistent begleitete mich zurück und informierte mich über die kognitiven Tests. Ich fühlte mich durch Lumosity vorbereitet und schnitt bei einigen Tests überdurchschnittlich gut ab, aber meine Reaktionszeit war nur durchschnittlich. Als Nächstes stolperte ich durch ein paar Sprachtests, aber die Assistentin versicherte mir, dass ich gut abschneiden würde.

Beim physischen Test ging es um das Gleichgewicht, und ich war zuversichtlich, da ich einige Monate Yoga als Reha für ein teilweise gerissenes Kreuzband gemacht hatte. Ich fühlte mich solide, wenn ich mit den Füßen zusammenstand, die Hände auf den Hüften, die Augen geschlossen, aber ich konnte es einfach nicht mit angehobenem rechten Bein tun. Ich versuchte es immer wieder, aber ich konnte die Pose nicht länger als eine Sekunde halten. Die Assistentin sagte nicht, ob das ein Hinweis auf etwas Wichtiges war.

Nach einer schmerzlosen Blutabnahme traf ich mich mit Dr. Charles Bernick, dem stellvertretenden medizinischen Leiter der Klinik und Hauptforscher der Studie. Zu diesem Zeitpunkt umfasste die Studie etwa 400 aktive und 50 pensionierte Kämpfer.

Ich erwähnte, dass ich etwa die gleiche Anzahl von MMA-Athleten aus dem ganzen Land befragt und eine Laienbeurteilung auf auffällige Anzeichen von Schäden vorgenommen hatte, insbesondere bei Jungs, die eine lange Karriere hinter sich hatten oder aufgrund ihres Kampfstils stark beansprucht wurden. Insgesamt konnte ich nur sehr wenige Anzeichen für Hirnschäden feststellen, selbst bei denen, die mehr als 40 Kämpfe auf dem Buckel hatten, aber ich gab zu, dass meine kurze und unausgebildete Analyse sehr begrenzt war, da ich die Kämpfer vor ihrer Karriere nicht kannte und ihre Selbsteinschätzungen wahrscheinlich nicht sehr genau waren. Ich glaubte, dass viele Kämpfer subtile Veränderungen im Verhalten oder in den Fähigkeiten nicht bemerken würden, und wenn sie es doch taten, schrieben sie es oft einfach dem Älterwerden zu.

Dr. Bernick nickte und teilte einen ähnlichen Eindruck von MMA-Kämpfern. Er sagte mir, dass das wiederholte Kopftrauma zu fortschreitenden neurologischen Defiziten führen kann, aber nicht bei allen Sportlern auftritt. Es ist noch zu früh, um abzuschätzen, wie viel Prozent der Kämpfer betroffen sein könnten, vor allem, weil der Sport so neu ist und die Symptome eines dauerhaften Hirnschadens möglicherweise erst 5 Jahre oder länger nach dem letzten Trauma auftreten.

Ich konnte nicht umhin, mich zu fragen, wie meine Chancen standen. Was haben meine Tests ergeben? Was hat mein schreckliches Gleichgewicht ergeben?

Wir gingen meine Krankengeschichte durch, Dr. Bernick notierte sich alles, stellte Fragen, wich aber geschickt meinen Bedenken aus. Er setzte die neurologische Untersuchung fort, indem er meine Reflexe, meinen Gang und mein Gleichgewicht überprüfte und mich aufforderte, seinen Fingern mit meinen Augen zu folgen. Er besprach die Ziele des Projekts und sagte, er hoffe, viele meiner Fragen beantworten zu können.

Der Schwerpunkt der Studie lag auf der frühzeitigen Erkennung des neurokognitiven Verfalls und der Vorhersage der langfristigen neurologischen Folgen. Sie hofften, herauszufinden, warum manche Kämpfer bei ähnlichem Trauma ein höheres Risiko für eine Verschlechterung der Gehirngesundheit haben. Mit dem MRT, dem ich mich gleich unterziehen sollte, und den anderen Tests, die ich gerade abgeschlossen hatte, hofften die Forscher, selbst die frühesten und subtilsten Anzeichen einer Hirnverletzung zu erkennen. Indem sie diese Tests mehrere Jahre hintereinander wiederholten, hofften sie, Biomarker oder klinische Indikatoren zu finden, die einen kognitiven Verfall vorhersagen und die Auswirkungen der einzelnen Risikofaktoren besser verstehen könnten.

Bei so vielen an der Studie beteiligten Kämpfern und der riesigen Menge an erfassten Daten scheint es wahrscheinlich, dass das Forscherteam sein Ziel erreichen wird. Das einzige Problem ist, dass, wie bei jeder freiwilligen Längsschnittstudie zu erwarten, eine Anzahl von Teilnehmern die Tests nicht abschließen wird. Die fortgesetzte Aufzeichnung von Daten ist es, wo die meisten Antworten herkommen werden. Selbst wenn ein Kämpfer in Rente geht und kein Kopftrauma mehr erlebt, sind die umfassenden Testergebnisse von unschätzbarem Wert.

Ich verließ die Klinik erleichtert über meine Ergebnisse und verpflichtete mich zur Teilnahme an der Studie. Ich ermutigte andere Kämpfer, an der Studie teilzunehmen und mehr auf ihre eigene Gehirngesundheit zu achten, proaktiv zu sein und alles zu tun, was sie können, um eine Verschlechterung hinauszuzögern.

Zurück im Hotel, aß ich noch ein paar Cannabis-Kaubonbons und ging zocken, um meine Sorgen zu vertreiben.

Kapitel Zwei

Als ich aus der Cleveland Clinic zurückkehrte, fiel ich in meine normale Routine zurück, kümmerte mich um meinen zweijährigen Sohn und meine siebenjährige Tochter, während ich am Schreiben von *Unlocking the Cage* und an der Veröffentlichung von *Twisted Reunion*, einer Sammlung meiner Horror-Kurzgeschichten, arbeitete.

Dem Beispiel der Kämpfer folgend, die ich interviewt hatte, nahm ich einen viel gesünderen Lebensstil an und fuhr fort, Yoga zu praktizieren und Jiu-Jitsu zu trainieren, und erhielt Ende 2016 meinen lila Gürtel von Eddie Bravo. Das ist eine der wenigen Errungenschaften, auf die ich stolz bin, denn es war nicht einfach, mich vom Witz des Fitnessstudios, der jedes Jahr von Hunderten verschiedener Personen unterworfen wurde, zum Konkurrenten von viel jüngeren Athleten zu machen.

Zusätzlich zu einer besseren Ernährung und mehr Sport, um mögliche Gehirnprobleme zu bekämpfen, habe ich mir meine erste Gitarre gekauft, weiterhin Denkspiele auf Lumosity gespielt und angefangen, Deutsch zu lernen. Ich habe auch einen Podcast namens Unlocking mit meinem Yogi und guten Freund Anthony Johnson gestartet. Unsere mit Cannabis angeheizten Gespräche on- und off-air erwiesen sich als eine sehr kathartische Form der Therapie. Ereignisse, die in diesem Jahr für mich herausragend waren, waren das Tätowieren meiner rechten Wade, die Lektüre von *Die Anatomie der Gewalt* von Adrian Raine und eine kraftvolle Erfahrung mit N, N-Dimethyltryptamin (DMT), dem Spirit-Molekül.

2017 war ein viel stressigeres Jahr, mit Nacken-, Rücken- und Schulterverletzungen, die mich sowohl vom Yoga als auch vom Jiu-Jitsu abhielten. Ich nutzte die freie Zeit, um sensorische Deprivationstanks zu verwenden und mir den gesamten Rücken mit der Illustration zu tätowieren, die ich für das Cover einer Fantasy-Trilogie verwenden möchte, welche ich mit meiner Tochter ausgeheckt habe. Als chronischer Multitasker ging ich zu jeder Tätowierungssitzung voll zugedröhnt wie vom Erdboden verschluckt, damit ich am Schreiben von *Ain't No Messiah* arbeiten konnte, wobei ich dank einer unbekannten Empfindlichkeit gegenüber Vicodin zweimal fast ohnmächtig wurde.

Im Oktober veröffentlichte ich *Unlocking the Cage*, das gute Kritiken bekam, sich aber furchtbar verkaufte - ein weiterer Grund für die anhaltende Depression, die sich in mir aufgestaut hatte. Ich versuchte, mir keine Sorgen darüberzumachen, dass etwas mit meinem Gehirn nicht stimmt, aber das *Ultimate Yogi* Video, zu dem ich drei Abende pro Woche übte, hatte eine Botschaft, die mich immer wieder hart traf. Darin wird erwähnt, dass die durchschnittliche Lebenserwartung eines NFL-Spielers bei 56 Jahren liegt, etwa 20 Jahre jünger als die des durchschnittlichen Mannes in den USA. Ich fragte mich, wie viel von diesem Unterschied auf Probleme mit der Gesundheit des Gehirns zurückzuführen sein könnte.

Ich begann, Artikel und Bedenken über traumatische Hirnverletzungen weiterzugeben, und im November erhielt ich mehrere Nachrichten von ehemaligen Football-Teamkollegen und MMA-Kämpfern. Viele dieser Männer beschäftigten sich im Stillen mit Hirnschäden, einige nahmen an Hirnstudien teil, ein paar waren am Ende ihrer Kräfte.

Es ging nicht mehr nur um mich, etwas, das ich begraben und vergessen konnte. Trotz meines Versprechens, keine Sachbücher mehr zu schreiben, verpflichtete ich mich, die Chronisch Traumatische Enzephalopathie (CTE) zu erforschen und ein Buch darüber zu schreiben. Mein Ziel war es, herauszufinden, ob ich CTE habe, und dann alles zu versuchen, was in meiner Macht steht, um es rückgängig zu machen. Ich würde den gleichen Ansatz verfolgen wie bei *Unlocking the Cage* und für Interviews, Tests und Hilfe durch das ganze Land reisen. Mein Fokus würde auf Kämpfern und Footballspielern liegen, ich würde untersuchen, womit wir es zu tun haben und Wege aufzeigen, wie wir mit unserer Situation umgehen können.

Ich steigerte die empfohlenen Aktivitäten und fügte eine Kaltwassertherapie hinzu, indem ich 15 bis 30 Minuten in meinem Pool verbrachte, der im Durchschnitt 12 Grad hatte. Obwohl ich mitten im

Schreiben der Fortsetzung meines Romans *Brightside* und der Novelle *Try Not to Die: In Brightside* steckte, versprach ich mir, dass das Gehirnbuch 2018 oberste Priorität haben würde.

# # #

Es war 10 Uhr morgens an einem Dienstag, ein paar Wochen nach Beginn des neuen Jahres, und ich saß bekifft im Garten, entmutigt davon, wie wenig ich an diesem Buch gearbeitet hatte. Ich hatte meine Liste der Experten, die ich interviewen wollte, und der Therapien, die ich versuchen wollte, aktualisiert, aber ich hatte absolut keine Motivation, mit dem Schreiben zu beginnen.

Vielleicht war mein Wunsch, anderen zu helfen, nicht so stark, wie ich glaubte. Es wäre nicht das erste Mal, dass ich bald nach der ersten Aufregung das Interesse an einer Sache verliere. Es macht oft mehr Spaß, Ideen zu entwickeln, als sie zu verwirklichen, vor allem, wenn man sich jeden Tag mit einem Gehirnschaden herumschlagen muss.

Eines der Dinge, die ich im Yoga immer wieder gehört hatte, war, dass ich Mitgefühl für mich selbst haben sollte. Ich hatte zwar nicht viel geschrieben, aber ich hatte mich an die empfohlenen Aktivitäten gehalten, einschließlich der von Wim Hof inspirierten Atem- und Kaltwassertherapie, die ich den ganzen Monat über machen wollte. Ich hatte mir vorgenommen, eine ausgewogene Ernährung beizubehalten, um mich besser zu fühlen und mein Energieniveau zu regulieren, und befand mich mitten in einer vierwöchigen Reinigungskur, eine Möglichkeit für mich, Gewicht zu verlieren und die nagende Sorge loszuwerden, die begonnen hatte, seit bei einem meiner besten Freunde Krebs diagnostiziert worden war.

Zusätzlich zu den Aktivitäten hatte ich auch ein Sachbuch gelesen. *Das Gehirn, das sich selbst verändert* von Dr. Norman Doidge ist ein faszinierendes Buch und zu einem großen Teil dafür verantwortlich, dass ich mich aus der Hoffnungslosigkeit herausbewegt habe. Dr. Doidge befasst sich mit der neuen Wissenschaft der Neuroplastizität und den Menschen, deren Leben sich dadurch verändert hat. Die alte

Denkweise war, dass das Gehirn nicht verändert, sondern nur beschädigt werden kann, aber dieses Buch zeigt, wie leistungsfähig und anpassungsfähig unsere Gehirne wirklich sind.

In dem Buch erzählt Dr. Doidge die Geschichte von Schlaganfallpatienten, die lernen, sich wieder zu bewegen und zu sprechen, wie kognitive Therapie das Gehirn neu verdrahten kann, wie Plastizität Sorgen und Besessenheit beenden kann, wie unglaublich mächtig unsere Vorstellungskraft und unser Glaube sein können. Am Ende des Buches habe ich verstanden, dass unsere Gehirne viel belastbarer und anpassungsfähiger sind, als ich gedacht hatte. Selbst wenn ich meinem Gehirn Schaden zugefügt hatte, gab es Hoffnung, dass ich es reparieren konnte.

Das nächste Buch, das ich in die Hand nahm, war in meinem "To-Read"-Stapel vergraben, der neben meinem "Wird-wahrscheinlich-nie-angefasst"-Stapel liegt. Ich hatte mir das Buch *Warum wir schlafen* von Matthew Walker, PhD, im November gekauft, nachdem ich auf der Website der Concussion Legacy Foundation gelesen hatte, dass eines der wichtigsten Dinge, die man für sein Gehirn und seine allgemeine Gesundheit tun kann, eine volle Nacht Schlaf ist. Ich hatte diese Empfehlung schon an mehreren Stellen gesehen, aber nie darauf geachtet. Es wurde behauptet, dass ein Mangel an ausreichendem Schlaf zu geistiger Vernebelung und Kopfschmerzen führen sowie die Selbstregulierung und Emotionen beeinträchtigen könne. 7 bis 8 Stunden Schlaf würden zu einem gesünderen Gehirn führen und könnten helfen, das Gehirn von den Auswirkungen von CTE und anderen Gehirnstörungen zu befreien.

Ich dachte, ich würde es nur ein paar Seiten in das Buch schaffen, bevor es mich in den Schlaf versetzt, aber ich lag völlig falsch. Der Schreibstil war ausgezeichnet und fesselnd, die Informationen erschreckend. Meine Teenagerjahre und mein frühes Erwachsensein waren voll von Partys bis in die frühen Morgen. Danach arbeitete ich Nachtschichten, damit ich tagsüber trainieren konnte. Als ich Kinder bekam, wurde es nur noch schlimmer: Ich konnte erst mit dem Schreiben beginnen, nachdem die elterlichen Pflichten erledigt waren, und hörte gegen ein oder zwei Uhr nachts auf. Ich gehörte zu den Menschen, die sagten, sie würden schlafen, wenn sie tot sind. Es bestand kein Zweifel, dass ich mir selbst schadete, indem ich nicht genug Schlaf bekam und mein Leben verkürzte, indem ich die Kerze an beiden Enden anzündete.

Noch bevor ich das Buch zur Hälfte durchgelesen hatte, wurde mir klar, dass es eines der wichtigsten Bücher war, die ich je gelesen hatte. Es änderte komplett die Art und Weise, wie ich den Schlaf für den Rest meines Lebens betrachten würde. Ich kaufte mir eine Garmin-Uhr, um meinen Schlaf zu überwachen, und ich begann, meine Tochter zur Schule zu fahren, eine 80-minütige Hin- und Rückfahrt voller Arschlochfahrer und rücksichtsloser Eltern. Der zusätzliche Stress war es aber wert, denn so konnte sie eine zusätzliche Stunde Schlaf bekommen.

Zu dieser Zeit sah ich mir endlich den Joe Rogan Experience-Podcast #1056 an, der mir von meinem Kumpel Brian Esquivel empfohlen wurde, der mich als Erster vor den Hirnschäden gewarnt hatte. Ich wollte es mir nicht ansehen, denn obwohl ich Joe Rogan liebe und seine Live-Stand-up-Routine fast ein Dutzend Mal gesehen habe, wollte ich nicht anderthalb Stunden damit verbringen, einem militärischen Kerl und einem Arzt zuzuhören.

In der Episode erzählte Andrew Marr, ein ehemaliger Green Beret der Special Forces, ausführlich, wie sein Leben entgleiste und er keine Erklärung oder Erleichterung finden konnte, bis er Dr. Mark Gordon entdeckte, den Besitzer des Millennium Neuro Regenerative Centers und weltweit führenden Mediziner auf dem Gebiet der Anti-Aging-Medizin (Interventionelle Endokrinologie).

Im Podcast beschrieb Dr. Gordon, was bei einer traumatischen Hirnverletzung passiert, und räumte mit vielen Mythen auf, die sich darum ranken. Die meisten Menschen gehen davon aus, dass eine Person bewusstlos werden oder einen sehr starken Schlag auf den Kopf bekommen muss, um ein SHT zu erleiden, aber Dr. Gordon erklärte, dass der Prozess viel einfacher in Gang gesetzt werden kann, sogar durch einen kleinen Autounfall oder eine Fahrt auf einer Achterbahn.

Sobald die Verletzung auftritt, entzündet sich das Gehirn, und diese Entzündung dehnt sich aus und stört die Fähigkeit des Gehirns, Hormone selbst zu regulieren.

Dr. Gordon erklärte, dass sich viele Symptome von posttraumatischer Belastungsstörung (PTSD) und SHTs überschneiden, wie zum Beispiel Depressionen, Angstzustände, Reizbarkeit, kognitive Defizite, Schlaflosigkeit und Müdigkeit. Nach der Meinung von Dr. Gordon ist PTSD eine Manifestation eines SHT. Kopfverletzungen werden oft vergessen, aber bei einer ausführlichen Patientenanamnese häufig identifiziert. Sein Ansatz ist es, die Patienten mit einer Hormonersatztherapie zu behandeln, um die Entzündung im Gehirn zu reduzieren, welche die Funktion aufgrund der Verletzung beeinträchtigt hat. Er behauptet, das Leben von etwa 1.500 Militärangehörigen umgekrempelt zu haben.

Obwohl ich nicht glaubte, dass ich das Protokoll benötigte, sprach ich mit meiner Frau darüber und wir waren uns einig, dass die Kosten für das Programm einen Versuch wert wären. Selbst wenn es nichts bringen würde, könnte ich in diesem Buch darüber schreiben. Ich setzte mich mit Dr. Gordons Praxis in Verbindung und erfuhr, dass ihre normale Wartezeit aufgrund einer Flut von Anfragen von Hörern des Rogan-Podcasts von einer Woche auf 6-8 Wochen angestiegen war.

Während ich darauf wartete, in Dr. Gordons Praxis aufgenommen zu werden, arbeitete ich weiter an meinen Fiktion-Büchern und bewahrte einen kühlen Kopf, indem ich die meiste Zeit des Tages relativ high von Cannabis verbrachte, wobei ich nur Sativas verwendete, weil sie mir bei der Konzentration und Kreativität halfen.

Im Februar begann ich eine zweimonatige Pause von den sozialen Medien, gerade als das Hardcover von *Unlocking the Cage* erschien. Als unabhängiger Autor ist es von entscheidender Bedeutung, dass ich eine aktive Präsenz in den sozialen Medien aufrechterhalte, aber anstatt einen großen Marketing-Schub zu starten, machte ich den Laden dicht, ein sicheres Zeichen dafür, dass ich mich selbst sabotierte.

Meine rechte Schulter war zu einem solchen Problem geworden, dass sie mir den Schlaf raubte, und im April bekam ich meine erste

Kortisonspritze, damit ich funktionieren konnte. Gleich in der nächsten Woche ließ ich mir Blut für Dr. Gordon abnehmen und machte mich dann auf den Weg nach Vegas zu einem weiteren Besuch in der Cleveland Clinic, deprimiert, weil ich nicht in der Lage sein würde, mit meinen Freunden Jiu-Jitsu zu trainieren, und verängstigt, was ich über mein Gehirn herausfinden würde.

Kapitel Drei

Ein Besuch in Vegas ist für mich immer interessant. Es ist eine Erinnerung an ein rücksichtsloses Leben voller Drogen, Alkohol, Glücksspiel, einer gescheiterten Ehe und sehr wenig Schlaf, während ich in der Nachtschicht als Justizvollzugsbeamter in einem Gefängnis arbeitete und wiederum als Bewährungshelfer für Jugendliche. Meine Ernährung war damals grauenhaft und mein Blutdruck so hoch, dass ich aus Angst vor einem Schlaganfall auf Medikamente gesetzt wurde.

Bei diesem Besuch in der Cleveland Clinic war ich noch nervöser, weil ich mich nicht nur einer weiteren Reihe von Tests unterziehen musste, sondern auch ein Gespräch mit Dr. Bernick arrangiert hatte, damit wir über CTE und etwaige Veränderungen an mir sprechen konnten. Außerdem machte ich mir Sorgen wegen der Kopfschmerzen, die ich seit einer Woche nicht mehr loswurde, wegen meines schlechten Schlafs, meines eingeschränkten Urteilsvermögens, meiner zunehmenden Wut und meiner Angstattacken.

Genau wie bei meinem ersten Besuch warf ich ein Cannabis-Kaubonbon ein und ging durch die Tests. Ich aß noch ein weiteres vor dem MRT und setzte mich danach mit Dr. Bernick zusammen, um meine Fragen und Bedenken durchzugehen.

Insgesamt fühlte ich mich ziemlich gut, meine Tests waren immer noch hoch und es zeigten sich keine signifikanten Veränderungen auf dem MRT. Bernick half mir zu erkennen, dass der Bewegungsmangel und der zusätzliche Stress in Kombination mit schlechtem Schlaf viel wahrscheinlicher die Ursache für meine Kopfschmerzen und die aktuellen Symptome waren als CTE.

Obwohl ich über die Chronisch Traumatische Enzephalopathie nachgelesen hatte, bat ich Dr. Bernick zu erklären, was das ist, damit ich es besser verstehen konnte.

"Also, wir wissen im Moment wirklich nicht so viel darüber", sagte er, kein sehr beruhigender Einstieg in das Gespräch. "Es ist eine fortschreitende Erkrankung des Gehirns, die mit wiederholten

Kopftraumata einhergeht. Das Problem ist, dass das meiste, was wir wissen, was aus der Literatur herausgekommen ist, aus der Brain Bank stammt und fast jeder in der Brain Bank hat CTE."

Pathologisch definiert ist CTE das Vorhandensein des Proteins Tau an charakteristischen Stellen des Gehirns und um Blutgefäße herum, so Dr. Bernick. Er sagte: "Wenn man das hat, nennt man es CTE. Und das ist sehr häufig, wenn man ein schweres Kopftrauma erlitten hat. Deshalb haben es neunundneunzig von hundert Profi-Footballspielern."

Während einige an der fortschreitenden Krankheit leiden, bei der Zellen degenerieren, sich Tau ausbreitet und sich eine fortschreitende Demenz entwickelt, scheinen andere, die eine Verletzung des Gehirns durch wiederholte Kopftraumata hatten, in der Lage zu sein, die Krankheit zu kontrollieren und zu bewältigen. Andere haben eine Menge Kopftraumata und zeigen keine Symptome.

Dr. Bernick sagte, dass eines der größten Probleme mit unserem Verständnis dieser Krankheit darin besteht, dass es keine Methode gibt, bei einer lebenden Person vorherzusagen oder zu diagnostizieren, welchen dieser Verläufe sie nehmen wird, es sei denn, man verfolgt sie über einen längeren Zeitraum. "Das ist der Punkt, an dem ein Großteil der Forschung ansetzt, um diejenigen zu diagnostizieren, welche die Krankheit entwickeln, und hoffentlich Wege zu finden, um einzugreifen. Bei anderen Krankheiten lernen wir von Tieren, aber wir haben kein gutes Tiermodell, das den Menschen nachbildet."

Da ich den richtigen Begriff nicht kannte, fragte ich, ob Tau giftig oder toxisch sei. "Ist es das Tau, das die Degeneration verursacht?"

"Niemand weiß, ob es der Marker für die Verletzung ist oder ob es selbst die Zellen verletzt", sagte Dr. Bernick. "Tau ist ein Protein, das wichtig für die Aufrechterhaltung der Struktur der Gehirnzellfasern ist, und wir wissen, dass diese Fasern diejenigen sind, die anfällig für Verletzungen durch ein Kopftrauma sind. Da das Gehirn herum gequetscht wird, werden die Fasern gedehnt und verletzt, sodass es nicht verwunderlich ist, dass Tau missgebildet oder fehlgeformt wird und sich ansammeln kann. Die Frage ist, ob es sich ausbreitet und andere Zellen schädigt."

Was das Tau, das bei CTE gefunden wird, wirklich von dem Tau bei Alzheimer unterscheidet, ist der Ort. "Man sieht es um Blutgefäße herum und in den Tiefen der Sulci, es ist also sehr oberflächlich im Gehirn und kann dort verstreut sein. Bei Alzheimer beginnt das Tau im Schläfenlappen und bewegt sich von dort aus. Bei CTE ist es eher diffus und verstreut."

Ich fragte Dr. Bernick, welche Ansätze seiner Meinung nach lohnenswert sein könnten. Die erste Theorie, die er erwähnte, war, die chronische Entzündung im Gehirn anzugehen, was ich gerne hörte, da ich nur Wochen davon entfernt war, dies mit Dr. Gordons Protokoll zu versuchen.

Er erwähnte auch, dass Medikamente, die Tau und Amyloide entfernen, vielversprechend zu sein scheinen, ebenso wie solche, die helfen, die Nervenzellmembranen zu stabilisieren. Er sagte: "Es könnte eine Menge verschiedener Strategien und Medikamente geben, nur im Moment haben wir keine Beweise, dass diese Strategien funktionieren."

Auf die Frage, welchen Rat er Kämpfern oder anderen, die sich um die Gesundheit des Gehirns sorgen, geben würde, sagte er: "Aktive Kämpfer müssen ihr Training ändern, so wie es die NFL getan hat. Ohne Frage ist der wichtigste Faktor bei der Entstehung von CTE oder einer dieser Erkrankungen die Menge der Belastung, der man ausgesetzt ist. Beim Sparring aufs Ganze zu gehen, ist keine gute Idee. Wenn Sie die Glocke läuten lassen, müssen Sie eine Auszeit nehmen. Wenn Sie eine Entzündung haben, müssen Sie sie abklingen lassen. Sobald man eine Gehirnerschütterung hatte, ist es leichter, eine weitere zu verursachen. Man muss nur klug sein. So können aktive Kämpfer ihre Karriere verlängern und das Risiko von Langzeitfolgen verringern."

Für Kämpfer, die sich zurückgezogen haben, sagte er, dass die Vorgehensweise darin besteht, das zu nutzen, was bereits über die Gesundheit des Gehirns bekannt ist. Zwei der größten Faktoren, die dem Gehirn bei anderen Krankheiten geholfen haben, sind ausreichender Schlaf und aerobes Training, 40 Minuten, 4 bis 5 Tage pro Woche, mit einer Herzfrequenz von 70 Prozent.

Dr. Bernick sagte, dass die Ernährung wichtig sein kann, Nahrungsergänzungsmittel nicht so sehr. Er betonte, wie wichtig es ist, Nährstoffe aus natürlichen Quellen wie Gemüse, Beeren, Trockenobst und Fisch aufzunehmen.

Er empfahl auch, sich von Dingen wie Alkohol und Marihuana fernzuhalten, die der Sache nicht dienlich sein könnten. Ich hatte keinen Kommentar.

Dr. Bernick betonte die Kraft des Gehirns und seine Plastizität. Er sagte, dass es enorm wichtig ist, aktiv zu bleiben, das Gehirn zu trainieren und Achtsamkeitstechniken zu verwenden, um mit Depressionen und anderen Symptomen umzugehen.

Ich fragte Dr. Bernick, was er über das angemessene Alter für Kontaktsportarten denkt und ob die jüngsten Regeländerungen den Sport sicherer gemacht haben. Obwohl er froh ist, Fortschritte beim Schutz von Kämpfern und Spielern zu sehen, wies er darauf hin, dass so viel davon abhängt, dass Einzelpersonen zugeben, dass sie eine Gehirnerschütterung erlitten haben. "Ich gehe davon aus, dass, wenn man nicht spielt oder kämpft, jemand anderes seine Position einnehmen wird. Es gibt einen Anreiz, niemandem von seiner Gehirnerschütterung zu erzählen."

Ich hatte das am eigenen Leib erfahren, erzählte den Trainern selten von Gehirnerschütterungen, aus Angst, auf die Bank gesetzt zu werden, ganz zu schweigen davon, dass ich es oft als Schwäche ansah.

Was das Alter angeht, sagte Dr. Bernick: "Das ist etwas schwierig. Beim Football deuten Studien darauf hin, dass diejenigen, die jünger anfangen, etwas schlechter mit dem Gehirn zurechtkommen, dasselbe gilt für Boxer. Das Gehirn entwickelt sich zu dieser Zeit, also ist es wahrscheinlich sinnvoll, mit Kontaktsportarten zu warten, bis man die Teenagerjahre durchlaufen hat."

Die Studie an Profikämpfern ging in ihr siebtes Jahr und ist sehr vielversprechend, aber Dr. Bernick erinnerte mich daran, dass CTE, Alzheimer und solche Krankheiten sich über 20, 30, 40 Jahre entwickeln und daher sehr schwer zu verfolgen sind. Er betonte, wie wichtig es ist, früh einzugreifen und dass die Genesung Teil des Lebensstils sein muss.

Ich bedankte mich bei Dr. Bernick für seine Zeit und für die wunderbare Arbeit, der er sein Leben gewidmet hat. Ich versprach, in einem Jahr zu einer weiteren Nachuntersuchung wiederzukommen.

Kapitel Vier

Ein paar Wochen nach meiner Rückkehr von der Cleveland Clinic hatte ich eine Skype-Telefonkonferenz mit Dr. Alison Gordon, der Tochter von Dr. Mark Gordon, einer Ärztin für Naturheilkunde und Mitbegründerin von LIVV Natural Health in San Diego.

Bevor wir meine Krankengeschichte besprachen, gab Dr. Alison mir einen kurzen Überblick über das Millennium Neuro Regenerative Centers und seine Ziele. Sie erklärte mir, dass, wenn wir eine Verletzung erleiden, egal ob K. o., Druckwelle, wiederholte Schüsse, Autounfall oder ein einfacher Schlag auf den Kopf, zwei Dinge passieren. Das Erste ist der unmittelbare strukturelle Schaden, der das Zerreißen langer Nerven und mikrovaskulärer Strukturen verursacht. Das Zweite folgt unmittelbar mit biochemischen Reaktionen, die eine Entzündung im Gehirn verursachen.

Diese Entzündung entwickelt sich im Laufe der Zeit weiter und weitet den Schaden auf andere Bereiche des Gehirns aus, was dessen Fähigkeit zur Selbstverteidigung überfordert. Oxidativer Stress mit Schäden durch freie Radikale verändert wichtige biochemische Prozesse, und es fällt uns schwer, kognitive und verhaltensbezogene Funktionen zu regulieren. Unser Gedächtnis und unsere Lernfähigkeit nehmen ab, während unsere Wut, Depression und Reizbarkeit zunehmen. Außerdem führt sie zu Schlaflosigkeit, Müdigkeit, Kopfschmerzen, verminderter Libido, Desorientierung sowie Alkohol- und Drogenmissbrauch.

Wenn die Entzündung zunimmt, sinkt die Fähigkeit des Gehirns, Hormone zu produzieren und zu regulieren. Der Verlust von Neurosteroiden, wie Progesteron, Testosteron und einem Dutzend anderer, erschwert die Fähigkeit zur Erholung.

Man schätzt, dass etwa 5 Millionen Menschen mit den Nachwirkungen eines Schädel-Hirn-Traumas leben, wobei jedes Jahr 2 Millionen neue Fälle hinzukommen. Die meisten Behandlungen maskieren einfach die Symptome, aber bei Millennium konzentrieren man sich darauf, die Entzündung im Gehirn zu reduzieren und diese Hormone zu regulieren.

Nach dem Überblick gingen wir meine Geschichte, Symptome, Fragen, Sorgen und Hoffnungen durch. Dann untersuchten wir meine Blutchemie, von der sie sagte, dass sie zu jemandem passe, der mehrere SHTs erlitten hat.

Dr. Alison erinnerte mich auch daran, dass sie und ihre Kollegen nicht wie andere Ärzte sind, die niedrige oder hohe Werte ignorieren, nur weil sie in den Referenzbereich fallen. Zum Beispiel liegen die normalen Werte von Pregnenolon für Menschen über 18 Jahren zwischen 33 und 248 ng/dL. Wenn meine Ergebnisse mit 40 zurückkamen, würden viele Ärzte sagen, dass das kein Problem sei, weil ich innerhalb des akzeptablen Bereichs liege. Bei Millennium bringen sie die Patienten auf den mittleren Wert oder höher, was im Allgemeinen zu einer wesentlich besseren Funktionsfähigkeit führt.

Was meine spezifischen Werte betrifft, so sind hier die Punkte, die nicht ideal waren und was sie beeinflussen:

DHEA-S, die Vorstufe zu Testosteron und Östrogenen, war niedrig-normal. DHEA-S hilft, das Herz zu schützen, Entzündungen im Gehirn zu reduzieren, die Myelinproduktion zu steigern, das Wachstumshormon (GH) zu erhöhen und die Stimmung zu heben.

Freies Testosteron war niedrig-normal. Diese Form des Testosterons ist die wichtigste, da es die Form ist, die in die Zellen und ins Gehirn gelangt. Bei Männern steht Testosteron im Zusammenhang mit der geistigen Funktion, dem Energieniveau, der Libido, dem Wohlbefinden, dem Lernen, dem Gedächtnis, dem Körperfett- und Muskelanteil, dem Cholesterinspiegel, der Knochendichte und der Gewebeheilung.

Progesteron war niedrig-normal. Der aktive Metabolit dieses Hormons, Allopregnenolon, ist neuroprotektiv, neuroregenerativ und verbessert die Nerv-zu-Nerv-Kommunikation an der Synapse. Das Hormon beseitigt auch freie Radikale, die Schäden verursachen, und erhöht die Produktion von Gamma-Aminobuttersäure (GABA), die eine beruhigende Wirkung hat.

Das neuroprotektive Pregnenolon war niedrig-normal. Eine Störung der Produktion dieses Hormons führt zu einer Verringerung vieler anderer Hormone.

Sowohl das Follikel-stimulierende Hormon (FSH) als auch das luteinisierende Hormon (LH), welches die Fähigkeit des Körpers widerspiegeln, Testosteron aus den Hoden zu bilden, waren niedrig-normal.

Prolaktin, ein Marker für die Funktion der Hypothalamus-Hypophyse, war niedrig-normal. Dies trägt ebenfalls zu einem niedrigeren Testosteronspiegel bei.

Vitamin D war extrem niedrig. Es ist ein Marker für eine gute Knochenentwicklung, -reparatur und -gesundheit. Die Forschung zeigt, dass es auch Depressionen, Demenz, Alzheimer und Krebs vermindern kann, das Herz schützt, das Immunsystem stimuliert, Entzündungen reduziert und die feine Muskulatur und Knochendichte verbessert, zusätzlich zu vielen anderen Vorteilen.

Um das Ungleichgewicht zu korrigieren und optimale Werte zu erreichen, verschrieb Dr. Gordon Clomid, eine Pille, die alle 3 Tage eingenommen wird und den Hoden hilft, mehr Testosteron zu produzieren. Die anderen Ergänzungsmittel, die ich einnehmen sollte, waren alle frei verkäuflich: UltraNutrient, DHEA, Pregnenolon, Ultra B-Komplex mit PQQ, Vitamin D3 10.000 IU, NAC 900 und Ultra Synergist E.

Ich bekam auch eine Flasche Clear Mind and Energy von Dr. Mark Gordon, von der ich hoffte, dass sie mein morgendliches Koffein ersetzen könnte. Mein Koffeinkonsum war sehr hoch und gefährlich für jemanden, der nicht regelmäßig trainierte, aber an Trainingstagen sehr aktiv war.

Die andere Sache, die ich mit Dr. Alison besprach, war mein Cannabiskonsum, der für sie absolut Sinn machte, nachdem sie meine Blutwerte gesehen hatte. Obwohl sie kein Problem mit Patienten hatte, die Cannabis konsumieren, sagte sie, ich solle mir bewusst sein, dass mein Konsum wahrscheinlich zurückgehen würde, sobald ich mit dem

Protokoll begonnen hätte. Ich glaubte ihr nicht, sagte aber, ich würde es im Auge behalten.

Während ich darauf wartete, dass die Präparate eintrafen, kehrte ich zu meiner normalen Routine zurück, zu der auch wöchentliche Besuche bei einem Therapeuten gehörten. Als Teil dieses Buches wollte ich einen Fachmann für psychische Gesundheit finden, der mich und meine Persönlichkeit einschätzen und dann beobachten konnte, wie ich auf die verschiedenen Arten von Behandlungen reagierte, die ich versuchen würde. Das Buch von Dr. Norman Doidge hatte mir eingeprägt, dass kognitive Therapie das Gehirn neu verdrahten kann. Vielleicht könnte es mir auch helfen, herauszufinden, warum ich immer so düster war und die meiste Zeit meines Lebens damit verbracht habe, mich selbst zu hassen.

Aber der eigentliche Grund, warum ich schließlich anfing, jemanden aufzusuchen, war, dass meine Ehe es brauchte. In den letzten Jahren waren meine Frau und ich zu Mitbewohnern geworden, zu Partnern, die unsere Kinder großziehen. Nach einer frustrierenden Suche und einer Handvoll Psychologen, die nicht zurückrufen wollten, kam ich zu Mark Harris von Harris Ehe- und Familientherapie in La Habra.

Vor meiner Sitzung mit Mark war ich als Erwachsener nur zweimal in Therapie gewesen, beide Male in Vegas, als meine Ehe in die Brüche ging. Obwohl ich nicht bei diesem Therapeuten blieb, machte er mir klar, dass ich ein Perfektionist war und nie glücklich werden würde, wenn sich das nicht änderte. Diese Erkenntnis war sehr wichtig, und so ging ich mit einer gesunden Einstellung in diese neue Therapie.

Bevor wir mit irgendetwas anderem anfingen, wies Mark mich auf all die Dinge hin, in denen ich als Ehemann versagt hatte. Nicht absichtlich versagt, aber doch versagt. Er ließ mich "Das weibliche Gehirn" von der Neuropsychiaterin Louann Brizendine lesen und half mir zu verstehen, was Frauen brauchen. Er wies mich auch darauf hin, dass meine Versuche, die Probleme meiner Frau zu lösen, damit sie keinen Schmerz empfindet, in Wirklichkeit noch mehr Schmerz verursachten, weil ich ihre Gefühle nicht anerkannte, etwas, das Jen immer wieder sagte, während ich es jedes Mal leugnete.

Ich befolgte Marks Rat und begann, Veränderungen vorzunehmen und Verbesserungen in unserer Beziehung zu sehen, aber ich hatte immer noch mit all den anderen Problemen zu tun, die ich mit exzessivem Cannabiskonsum und meinem auf Koffein fliegenden Verstand überdeckte. Wir vertieften uns in meine Kindheit, und ich begann, die Quelle meiner Dunkelheit und Wut zu erkennen, aber das ließ nichts verschwinden. Ich nahm an, dass es eine Weile dauern würde.

Als eine lustige kleine Übung, um zu sehen, wie verkorkst ich war, ließ Mark mich den Millon Clinical Multiaxial Inventory - III Test machen. Hier sind die Items, bei denen ich hohe Punktzahlen erreichte:

Vermeidend - 71

Narzisstisch - 67

Antisozial - 79

Sadistisch - 69

Alkoholabhängigkeit - 75

Drogenabhängigkeit - 81

Der einzige Grund, warum die Alkoholabhängigkeit so hoch rangierte, waren die Fragen nach dem früheren Verhalten; ich war mit Sicherheit ein starker Trinker im Alter von 15 bis 35 Jahren. Mark ließ mich auch eine interessante Selbsteinschätzung meiner Ängste und Reaktionen durchführen.

Für diejenigen unter Ihnen, die schon immer davon geträumt haben, mich zu verärgern, hier sind meine Top-Ängste und deren Auslöser:

Ablehnung: Ich werde nicht gebraucht; ich fühle mich unerwünscht.

Getrennt: Emotional losgelöst oder getrennt.

Wie ein Versager: Nicht erfolgreich darin, ein Ehemann, Vater, Autor zu sein. Ich bin nicht gut genug.

Direkt dahinter kamen:

Defekt: Etwas stimmt nicht mit mir. Ich bin das Problem.

Unzureichend: Ich bin nicht fähig oder kompetent.

Ungültig: Wer ich bin, was ich denke, was ich tue und wie ich fühle, wird nicht wertgeschätzt.

Ungeliebt: Die andere Person kümmert sich nicht um mich.

Wertlos: Ich bin nutzlos. Ich habe keinen Wert für die andere Person.

Hier ist, wie ich reagieren werde, wenn Sie mich triggern. Sagen Sie nicht, Sie seien nicht gewarnt worden. Meine schlimmsten Reaktionen und Verteidigungen sind.

Passiv-aggressiv: Ich zeige negative Emotionen auf passive Weise, zum Beispiel, indem ich stur werde.

Eskalation: Meine Emotionen laufen aus dem Ruder. Ich streite mich, erhebe meine Stimme und gerate in Rage.

Rationalisierung: Ich führe mein Verhalten auf glaubwürdige Beweggründe zurück.

Als Nächstes, aber fast genauso hoch, waren:

Gleichgültigkeit: Ich bin kalt und zeige keine Anteilnahme.

Verharmlosung: Die andere Person überreagiert auf ein Problem. Ich spiele es herunter.

Sarkasmus: Ich verwende negativen Humor, verletzende Worte oder erniedrigende Aussagen.

Betäubung: Ich werde gefühllos oder nehme keine Rücksicht auf die Gefühle anderer.

Ausagieren: Ich lasse mich auf negative Verhaltensweisen wie Alkohol- und Drogenmissbrauch oder übermäßiges Essen ein.

Zorn und Wut: Ich zeige starke Gefühle des Unmuts und habe unkontrollierte Emotionen.

Rückzug: Ich meide andere oder entfremde mich ohne Lösung.

Schuldzuweisungen: Ich schiebe die Verantwortung auf andere und akzeptiere keine Schuld.

Entwertung: Ich werte die andere Person und ihre Gedanken, Gefühle und Handlungen ab.

Defensivität: Ich verteidige mich, bevor ich mir das Argument anhöre.

Im Grunde genommen bin ich ein verängstigter kleiner Junge, der auf andere einprügelt. In meinem Gehirntagebuch schrieb ich, dass die Therapie meine allgemeine Wut und Angst zu reduzieren schien, aber sie war immer noch da.

Die Präparate kamen in der zweiten Juniwoche aus Dr. Alisons Büro, und innerhalb weniger Tage nach der Einnahme des Protokolls stellte ich fest, dass ich immer weniger Cannabis konsumierte, weil ich mich dadurch zu ängstlich fühlte. Jeden Tag reduzierte ich die Menge ein wenig mehr, um den richtigen Punkt zu finden, und brauchte nach zwei Wochen nur noch die Hälfte meiner früheren Menge.

Etwa zur gleichen Zeit fand ich mich weinend im Hinterhof wieder, nicht weil irgendetwas nicht in Ordnung war, sondern weil ich mich nicht wohlfühlte. Das war das erste Mal, dass ich realisierte, wie schrecklich meine Symptome waren. Es war überwältigend, dass ich nicht mehr mit dem unglaublich hohen Maß an Wut, Depression und Reizbarkeit zu kämpfen hatte. Nach weiteren 2 Wochen des Protokolls fühlte ich mich emotional so gut wie noch nie, mit einer geistigen Klarheit, die mir bis dahin gefehlt hatte.

Der Sommer war ereignislos, vor allem dank einer Schulterverletzung, die mich vom Wettkampf und Training abhielt. Trotz der Verletzung war meine allgemeine Stimmung viel besser. Ich hatte jedoch meine Cannabis-Toleranz wiedererlangt und konsumierte zu viel, um die Symptome zu überdecken.

Mit dem Beginn des Schuljahres begann ich, Kurse bei Downey Yoga zu besuchen, um mein körperliches und geistiges Wohlbefinden zu fördern, ein dringend benötigter Stressabbau. Im Oktober untersuchte Dr. Alison erneut meine Blutwerte und wir sahen, dass sich alle meine Werte in den letzten 6 Monaten verbessert hatten, aber mein freies Testosteron und IGF-1 waren immer noch niedrig-normal. Wir waren auf dem richtigen Weg und ich fühlte mich tatsächlich viel besser.

Die andere Sache, die ich im Oktober gemacht habe, war, nüchtern zu werden, und volle 40 Tage dabei zu bleiben, obwohl ich mir vorgenommen hatte, nur 30 zu machen. Zuerst war der Verzicht auf Cannabis hart, sowohl für mich als auch für meine Familie, aber am Ende hatte ich das Gefühl, dass ich auch ohne Cannabis leben könnte, wenn ich müsste.

Im November bekam ich eine Stammzelleninjektion für meine Schulter, und im nächsten Monat veröffentlichte ich die Vorabexemplare meines neuesten Romans, Ain't No Messiah. Das Leben war gut und ich hatte das Gefühl, dass ich meine Arbeit und meine Familie erfolgreich managen konnte.

Mit regelmäßigem Yoga und zweiwöchentlichen Therapiesitzungen fühlte sich mein Leben wieder in der Spur an. Da die Dinge gut liefen, konzentrierte ich mich auf meine körperliche Gesundheit und das Schreiben der Brightside-Fortsetzungen und schob die Gedanken an das Gehirnbuch zur Seite.

Dann, eines Tages im April, als ich durch Facebook stöberte, entdeckte ich, dass Michael Poorman, ein ehemaliger Teamkollege von der Brown University, einen aussichtslosen Kampf gegen Leukämie führte. Michael hatte mir anderthalb Jahre zuvor geschrieben und mir mitgeteilt, dass bei ihm CTE-Symptome diagnostiziert worden waren und er an der Legacy-Studie der Mayo Clinic teilnahm. Da er nie ein Blatt vor den Mund nahm, sagte er: "Mein Gehirn ist im Arsch."

Michaels Botschaft und die einiger anderer Offensive Linemen, die unter Gehirnproblemen leiden, veranlassten mich, dieses Buch zu beginnen. Ich hatte ihn nie darauf angesprochen, aber jetzt, da er im Sterben lag, wollte ich alles unternehmen, um ihn wenigstens wissen zu lassen, dass ich an ihn dachte. Ich bot ihm an, ihm dabei zu helfen, eine Geschichte zu schreiben, die er Freunden und Familie bei einer Lebensfeier, die Michael im Juli geplant hatte, überreichen konnte.

Ein paar Wochen später telefonierten wir endlich miteinander. Ich war im Park und spielte mit meinem Sohn, und Michael erklärte mir seine Situation und wie schlimm seine Gehirnprobleme gewesen waren. Es war ein ernüchterndes Gespräch, und ich teilte ihm mit, wie sehr mich die Art und Weise, wie er sein Leben lebt und mit dem bevorstehenden Tod umgeht, inspiriert hat. Als ich ihn fragte, ob er in diesem Buch mitwirken wolle, sagte er, er würde es tun, aber nur, wenn er mit dem Ansatz einverstanden sei, den ich damit verfolgen würde. Nachdem ich ihm meine Sichtweise erzählt hatte, sagte er, er würde gerne helfen, wo er nur könne, und lud mich nach Astoria, Oregon, ein, ein paar Tage mit ihm und seiner Familie zu verbringen. Als ich auflegte, sah ich den Sommer und meinen Sohn in einem ganz anderen Licht.

Kapitel Fünf

In den letzten zehn Jahren besuchte ich Oregon sieben Mal. Zwei der Reisen waren mit meiner Familie im letzten Jahr in der Hoffnung, dass wir vielleicht dorthin umziehen würden, und zwei weitere Besuche, als ich an *Unlocking the Cage* arbeitete. Bei den ersten drei Besuchen besuchte ich meinen Mentor, Tom Spanbauer, und seinen Partner, Sage Ricci, der mir die Innenseite meines rechten Bizeps tätowierte.

Im Jahr 2009, beim zweiten dieser Besuche bei Tom und Sage, nahm mich Michael Poorman, der in Battle Ground, Washington, lebte, zum Angeln mit an den Columbia River. Ich erinnere mich nicht an viel an diesem Tag, außer an die Schönheit und dass Michael sehr freundlich, offen und direkt war. Ich kannte ihn erst seit einem Jahr von der Brown, aber mein Eindruck von ihm war, dass er sich sehr darum bemühte, dass ich mich willkommen und als Teil des Football-Teams fühlte. Als ein überlebensgroßer Oregonianer, der auf einem Survival-Gelände aufgewachsen ist, konnte Michael einen Außenseiter erkennen und wusste, wie es ist, sich ein wenig anders zu fühlen.

Anders als bei normalen Reisen, bei denen ich versuche, Training und Schreiben unterzubringen, war diese Reise Michael gewidmet. Wenn ich wüsste, dass meine Tage gezählt sind, bin ich mir nicht sicher, ob ich so freundlich mit meiner Zeit umgehen würde und sie damit verbringen würde, mit einem alten Bekannten über ein schmerzhaftes Thema zu sprechen.

Damit ich mich nicht wie ein völlig Fremder fühlte, ging ich Michaels Leben auf Facebook durch, prägte mir die Namen seiner Frau und seiner Kinder ein. Obwohl ich GPS hatte und Michael mir detaillierte Anweisungen gab, um zu seinen Schwiegereltern in Astoria zu gelangen, wo er und seine Familie für einen Monat wohnten, hielt ich am falschen Haus an. Glücklicherweise tauchte ein freundliches Gesicht aus einem Fenster im zweiten Stock auf. Der blonde Teenager fragte, ob ich ihren Vater suche und zeigte auf das schöne viktorianische Haus auf der anderen Straßenseite.

Michael begrüßte mich und füllte mit seinen 1,80 m und 115 Kilogram die Tür. Obwohl er mir später Fotos zeigen würde, um zu beweisen, wie viel Muskelmasse er verloren hatte, hätte ich das nie vermutet, wenn er mir nicht von seinem Krebs erzählt hätte.

Nach einer kurzen Vorstellung von Sara, seiner wunderschönen Frau seit 14 Jahren, machten wir drei uns auf den Weg zum Mittagessen mit Sara am Steuer. Michael hatte mir empfohlen, Sara zu interviewen, da sie diejenige war, welche die ganze Forschung über CTE und seine Krebserkrankung betrieben hatte und mir eine alternative Perspektive bieten konnte. Ich war dankbar, dass sie in der Lage und bereit war, uns zu begleiten.

Da Sara gerade aus dem Fitnessstudio kam, hoffte sie auf einen schönen Salat, was sich für mich perfekt anhörte, aber Michael wollte unbedingt mit mir in sein Lieblingslokal gehen. Sie erklärte, dass sie dort keine guten Salate hätten, aber Michael sagte, dass sie sein Lieblingsbier hätten und er wollte, dass ich die Aussicht auf den Fluss genieße. Obwohl ich ein wenig Irritation auf beiden Seiten spürte, blieb Sara ruhig und ließ es auf sich beruhen.

Draußen auf dem Steg war es schön, aber auch kühl. Nachdem er mich ein paar Minuten lang in meinem T-Shirt fröstelnd beobachtet hatte, kam Michael um den Tisch herum und legte mir seine Jacke um die Schultern. Wäre es ein anderer Mann gewesen, hätte ich mich wahrscheinlich geweigert, aber ich bedankte mich bei ihm und wir unterhielten uns ein wenig über unsere Familien, während wir überlegten, was wir bestellen sollten.

Als das Essen kam, vertieften wir uns in das Thema. Wann wurde ihnen zum ersten Mal klar, dass mit Michaels Gehirn etwas nicht stimmen könnte?

Es gab kein Zögern auf beiden Seiten. Es war 2013, ein Jahr nachdem sie von einem 7-jährigen Aufenthalt in Australien zurückgekehrt waren. Sie waren auf einer Party, als Sara bemerkte, dass Michaels Verhalten ein wenig seltsam war. Zuerst schrieb sie es dem Alkohol zu, aber es wurde schlimmer, Michael wurde unruhig und delirierte, die Polizei wurde gerufen.

Als die Polizei eintraf, befürchteten Sara und andere, dass Michael einen Schlaganfall gehabt haben könnte. Er wurde in einem Krankenwagen ins Krankenhaus gebracht, wo die Ärzte erkannten, dass etwas mit seinem Gehirn vor sich ging und ein MRT anordneten. Der Neurologe sprach von einer dissoziativen Episode, was eine unfreiwillige Flucht aus der Realität ist. Der Arzt verglich das MRT von Michaels Gehirn mit dem eines 75-Jährigen, der einen tief eingekerbten Frontallappen hatte, der dem von Michael sehr ähnlich war.

Wir setzten das Mittagessen fort und ich stellte ein paar Fragen, nur damit ich in der Lage sein würde, mehr für das eigentliche Interview am nächsten Morgen zu formulieren, das ich aufzeichnen würde, denn, wie Michael nachempfinden konnte, war mein Gedächtnis schrecklich.

Während des gesamten Mittagessens war sich Sara unserer Umgebung sehr bewusst und schien ein wenig nervös zu sein, als würde sie nur darauf warten, dass etwas Schlimmes passiert. Je mehr sie beschrieben, wie Michaels CTE ausgelöst werden könnte, desto mehr verstand ich, dass sie Michael, sich selbst und die anderen um uns herum beschützen wollte.

Zurück im Haus, zogen Michael und ich Stühle an die Feuerstelle, während Sara, eine brillante Maschinenbauingenieurin, das Feuer machte. Egal, ob sie in unserer Nähe oder im Haus war, Michael konnte nicht aufhören, Sara zu loben und zu betonen, wie klug sie ist. Er war unglaublich stolz auf sie, und wir hatten beide das Gefühl, dass wir in unseren Ehen das viel bessere Los gezogen haben.

Bei Pizza und Bier plauderten Michael und ich aus dem Nähkästchen und Michael erzählte mir Geschichten aus der Zeit an der Brown, von denen wir beide dachten, dass ich mich an sie hätte erinnern müssen. Der Nachmittag zog sich bis in den Abend hinein, und unsere Gespräche überschlugen sich, während wir seinem Sohn Mateo dabei zusahen, wie er mit seinem Cousin im Vorgarten spielte, während Michael und ich abwechselnd ihrem niedlichen kleinen Hund, Boris, Bälle zuwarfen. Ich blickte auf mein Handy und war schockiert, als ich sah, dass es um neun Uhr immer noch hell war, Zeit für uns beide, uns auszuruhen.

Am nächsten Morgen kehrte ich ins Haus zurück, um Michael in Bestform zu erleben, da sein Adderall anschlug, was ihm bei der Konzentration half. Da ich weder ihre Zeit noch ihre Energie verschwenden wollte, stellte ich mein Aufnahmegerät in einem ruhigen Raum auf, wo es keine Ablenkungen geben würde. Michael und Sara gesellten sich zu mir, und wir begannen mit einer Rekapitulation von Michaels Vorgeschichte, wobei wir speziell nach frühen Anzeichen eines Kopftraumas suchten, da es scheint, dass diese Verletzungen den größten Schaden anrichten.

Die früheste Gehirnerschütterung, an die sich Michael erinnern konnte, war in der Grundschule. Um ein Mädchen zu beeindrucken, versuchte Michael einen Salto auf dem Klettergerüst zu machen, wobei sein Hinterkopf auf den Asphalt knallte, ihn bewusstlos werden ließ und er mit drei Stichen genäht werden musste.

Obwohl er nicht viel darüber nachgedacht hatte, als das Thema am Tag zuvor aufkam, fragte ich Michael über das Boxen aus. Er begann mit den Golden Gloves im Alter von 6 Jahren, seinen ersten Kampf hatte er mit 7. Er setzte das Amateurboxen für die nächsten 7 Jahre fort und für zwei weitere, während er an der Brown studierte. Insgesamt hatte er 63 Kämpfe, sogar einen gegen den jungen Michael Grant, der später der Herausforderer des Weltmeistertitels im Schwergewicht werden sollte.

Als ich ihn fragte, ob er dachte, dass das Boxen irgendeine Auswirkung auf seinen Hirnschaden gehabt haben könnte, sagte Michael nein; er trug immer einen Kopfschutz.

Ich wollte seine Seifenblase nicht platzen lassen, aber ich sagte ihm, dass nach meinem Verständnis ein Kopfschutz einen Scheiß für unser Gehirn tut. Er vermittelt ein falsches Gefühl von Sicherheit und trägt nur wenig dazu bei, die Wucht des Schlages zu verringern. Ein Kopfschutz ist großartig, um Risswunden zu verhindern, aber zwei meiner schlimmsten Gehirnerschütterungen ereigneten sich, während ich einen erstklassigen Kopfschutz trug, ganz zu schweigen von den unzähligen leichten.

Michael wies auch darauf hin, dass er beim Boxen noch nie ausgeknockt worden war.

Da ich fünf Profiboxkämpfe und viel Sparring hinter mir habe, wusste ich, dass es üblich ist, zu Boden zu gehen, aber bei Bewusstsein zu bleiben. Ich fragte ihn, ob ihm das jemals passiert sei.

"Oh ja. Ich bin definitiv auf den Hintern geschlagen worden und meine Beine haben nachgegeben."

Wir verließen das Boxen und gingen zum Football über. Michael fing in der sechsten Klasse mit Tackle Football an und hatte im folgenden Jahr seine erste Gehirnerschütterung und musste zwei Tage lang das Training aussitzen. In der neunten Klasse hatte er eine weitere und man sagte ihm, er solle sie wegschütteln. Jedes Mal, wenn er während seiner Football-Karriere Kopfschmerzen hatte, achtete er darauf, seinen Kopf nicht zu benutzen, was ihm auch relativ gut gelang, da er einer der größten Kinder auf dem Feld war.

Michaels Zeit an der Brown University war die Zeit, in der die Dinge ernster wurden. Seine erste Gehirnerschütterung führte nur dazu, dass er ein Training verpasste. Die zweite setzte Michael für ein paar Sekunden außer Gefecht und er wurde zu einem CT-Scan gebracht, der drei Blutflecken zeigte. Zehn Tage später war der Scan sauber, und Michael kehrte auf das Spielfeld zurück. Er meinte, dass seine dritte Gehirnerschütterung relativ mild war und ihn desorientiert zurückließ, als er zum falschen Huddle stolperte.

Ich erinnerte Michael daran, dass eine Gehirnerschütterung nicht das ist, was uns gelehrt wurde zu glauben. Wie fühlt es sich an, wenn jemandem die Glocke geläutet wird, wenn er einen Treffer abbekommt, wenn er sich nach einem großen Schlag benommen fühlt?

Er sagte: "Das passierte ständig. Das war Teil des Spiels."

Ich fragte: "Gab es irgendwelche Gedanken über zukünftige Schäden? Hast du in Betracht gezogen, nicht mehr zu spielen, aus Angst?"

Michael schüttelte den Kopf. "Damals wussten wir alle, dass Muhammed Ali im Arsch war und stotterte, aber das war verständlich.

So geschlagen zu werden, konnte Probleme verursachen, aber vom Football ging keine Gefahr aus."

Obwohl Michael in eine Handvoll Raufereien außerhalb des Spielfeldes verwickelt war, glaubte er nicht, dass diese zu Gehirnerschütterungen führten. Das Gleiche galt für den einen Autounfall vor 25 Jahren, als er sich den Kopf am Lenkrad gestoßen hatte.

Ich war mir nicht sicher, ob das zu seinem CTE beigetragen haben könnte, aber ich hatte gelesen, dass wiederholtes Schießen zu SHTs führen kann. Da ich wusste, dass er ein Waffenfanatiker war, fragte ich: "Hast du viel geschossen?"

"Verdammt, ja, Kumpel. Auf meinem Junggesellenabschied haben wir siebentausend Schuss mit Maschinengewehren abgegeben. Am vorletzten Wochenende haben wir fünfzehnhundert Schuss geschossen. Es gab eine Zeit, da habe ich jede Woche geschossen. Wir hatten einen Schießstand in meinem Keller. Ich bin auf einem Survival-Gelände aufgewachsen. Waffen waren definitiv ein Teil der Gleichung."

Es gab noch einen anderen Faktor, der eine Rolle gespielt haben könnte, aber ich habe ihn nicht erwähnt. Als sehr erfolgreicher Geschäftsmann war Michael ständig im Land herumgeflogen. Der Jetlag kann den Schlaf und das Gehirn stark beeinträchtigen, aber es war an der Zeit, weiterzumachen.

"Also, wann begannen die ersten Anzeichen? Gab es irgendetwas vor der dissoziativen Episode im Jahr 2013?"

Sara sagte: "Rückblickend würde ich sagen, dass es zum ersten Mal anfing, als wir 2012 aus Australien zurückkamen. Es schlich sich mit der Zeit ein. Es gab kleine Verschiebungen in seiner Persönlichkeit."

Nach der dissoziativen Episode und dem Hirnscan wurde bei Michael CTE-Symptome der Stufe 2 und Sundowner diagnostiziert, ein neurologisches Phänomen, das mit erhöhter Verwirrung und Unruhe bei Patienten mit einer Form von Demenz einhergeht und sich typischerweise im Laufe des Tages verschlimmert.

Ich fragte mich, ob er einige der Warnzeichen hatte. "Hattest du zuvor Kopfschmerzen?"

"Ich hatte nie viele Kopfschmerzen", sagte Michael. Aber er erkannte auch, dass er in den Jahren vor dem Vorfall Muskelrelaxantien für seinen Rücken und genügend Medikamente für andere Erkrankungen genommen hatte, welche die Kopfschmerzen maskiert haben könnten.

"Wie war dein Gedächtnis vor all dem?"

Er sagte, dass sein Gedächtnis bis Mitte 20 großartig war, bis er sich nicht mehr an die Namen von Menschen erinnern konnte. Als er erkannte, wie wichtig das in der Geschäftswelt war, erforschte Michael Möglichkeiten, seine Fähigkeit zu verbessern und begann, mentale Geschichten über Menschen zu schreiben, wobei er andere oft mit den Dingen, an die er sich über sie erinnerte, beeindruckte.

Sara sagte: "Sein Kurzzeitgedächtnis, besonders wenn er in einem aufgeregten Zustand ist, erinnert er sich überhaupt nicht oder es ist sehr lückenhaft."

Ich fragte, was einige seiner anderen Probleme seien.

Michael sagte: "Auf einer Skala von 1 bis 10, wenn ein Ereignis passiert, sollte die emotionale Reaktion eine 2 sein, aber manchmal reagiere ich mit einer 9."

Ich fragte, ob er schon früher so gewesen sei, und er sagte nein, nicht wirklich.

Sara sagte: "Michael war schon immer ein großer, offensiver Typ und hat eine große Persönlichkeit, Typ A und durchsetzungsfähig. Diesen Persönlichkeitstyp zu haben, war ein Vorteil, wenn er im Leben und in seinem Berufsfeld gut umgesetzt wurde." Als jedoch das CTE ins Spiel kam, sagte Sara, dass dieser Persönlichkeitstyp gegen ihn arbeitete und zu einer Belastung wurde.

"Ich wurde Direktor eines milliardenschweren Softwareunternehmens", sagte Michael. "Ich habe zwei Unternehmen an die Börse gebracht. Ich habe eine steile Karriere hingelegt, und ohne das CTE wäre ich wahrscheinlich irgendwo CEO."

Als Michael in seiner Karriere vorankam, wurden die Verantwortlichkeiten größer, ebenso wie die Einsätze. Wegen seiner Sundowner musste Michael seinen Zeitplan ändern und statt

Abendessen oder Happy Hours Frühstücksmeetings einplanen. Wenn er eine Loge bekam, um Kunden im Boston Garden oder im Staples Center zu unterhalten, tauchte er zum Spiel auf, verließ es aber nach dem ersten Drittel.

Ich fragte ihn, ob das nur eine Vorsichtsmaßnahme für den seltenen Fall sei, dass er einen Ausbruch erleiden oder unangemessen reagieren würde.

Er schüttelte den Kopf. "Meistens passierte es einfach."

Sara sagte: "Wir haben viele Jahre damit verbracht, es zu verheimlichen und Bewältigungsmechanismen zu schaffen, damit Michaels Geschäftspartner es nicht herausfinden würden. Es gab die Angst, dass er abgewertet würde oder seine Karriere gefährdet wäre."

Sie erzählten es auch lange Zeit nicht der Familie oder Freunden, sondern offenbarten es nur seinen engsten Freunden, wenn sie nachts mit Michael unterwegs sein würden. Er sagte: "Das ist kein Abzeichen der Ehre. Es ist etwas, das die Leute nicht verstehen.

"CTE ist verdammt peinlich. Es ist ein Kontrollverlust. Wenn ich meine CTE-Ausbrüche habe, ist es mir peinlich, aber ich wünschte, Sara könnte es filmen. Es ist, als hätte ich eine außerkörperliche Erfahrung, denn eine Hälfte meines Verstandes erkennt, dass das, was ich tue, absurd ist, aber die andere Hälfte ist wie ein Hund am Knochen, ich habe recht, du hast unrecht, fick dich. Ich fange an, meine Stimme zu erheben und zu schreien. Nach zwei Minuten des Ausbruchs sagt die logische Seite meines Gehirns, die immer noch da ist, Alter, warum streitest du überhaupt, weißt du überhaupt, worüber du gerade streitest."

Er sagte: "Nach einem meiner Anfälle fühle ich mich wie ein Sack voll Scheiße. Ich bin voller Scham und Schuldgefühle. Ich fühle mich außer Kontrolle, als hätte ich keine Kontrolle über meine eigenen Fähigkeiten. Ich fühle mich beschämt. Ich will nicht sagen, dass ich mich deprimiert fühle. Wenn ich nicht wüsste, warum ich diese Erfahrungen mache, würde ich mich wahrscheinlich wirklich deprimiert fühlen.

"Sara sagt, es sei wie bei einem Hund, der in den Spiegel stürzt, als würde ich mit mir selbst kämpfen. Es gibt mir das Gefühl, ein beschissener Vater zu sein. Es gibt mir das Gefühl, dass es eine Kluft zwischen Sara und mir geschaffen hat."

Ich fragte: "Kannst du dir selbst verzeihen? Kannst du sehen, dass es nicht wirklich du bist?"

"Ich kann mir absolut verzeihen. Das Erste, was ich tue, ist, eine Korrektur vorzunehmen. Ich entschuldige mich bei meiner Familie und sage, es tut mir wirklich leid und ich liebe euch. Ich habe nie Hand an meine Frau oder Kinder gelegt. Das habe ich nie. Ich schätze, ich jage ihnen eine Heidenangst ein, wenn ich sie anschreie."

Ich hasste es, fragen zu müssen: "Hast du Angst, du könntest irgendwann eine Gefahr für sie sein?"

"Ich hoffe nicht. Ehrlich gesagt, Mark, würde ich eher Selbstmord begehen, bevor ich das täte. Wenn es so weit käme, würde ich einen Junior Seau abziehen und mir eine Schrotflinte ans Herz legen."

Wir machten eine Toilettenpause und ich vertraute Sara an, wie schuldig ich mich fühlte, nicht nur, weil es mir gut ging und Michael nicht, sondern auch, weil ich nach irgendwelchen Anzeichen suchte, die zeigen würden, warum er viel schlimmere CTE-Symptome entwickelte als ich. Michael und ich teilten viele der gleichen Charakterzüge, beide waren größere Männer mit rasierten Köpfen, Ziegenbärten und vielen Tattoos. Ganz zu schweigen von all den emotionalen Ähnlichkeiten und Kämpfen mit Wut, Sucht und Narzissmus. Es fiel mir schwer, ihn nicht anzuschauen und zu befürchten, dass das meine Zukunft sein könnte.

Sara versicherte mir, dass das eine normale Reaktion sei und dass sie das vollkommen verstehe. Ihre Hoffnung war, dass sie durch das Erzählen ihrer Geschichte anderen, einschließlich mir, helfen könnten, ihre Symptome zu erkennen und Bewältigungsstrategien zu entwickeln.

Zurück im Zimmer, in der Annahme, die Antwort zu kennen, fragte ich Michael: "Würdest du das alles noch einmal machen?"

"Ich war schon immer ergebnisorientiert. Ich wäre nicht an der Brown University aufgenommen worden, wenn ich nicht Football gespielt hätte. Es ist ein großartiger Gesprächsanlass und hat mir definitiv Türen im Geschäftsleben geöffnet. Wenn ich mir anschaue, wo ich jetzt stehe, mit Familie, finanziell und all dem, dann würde ich es auf jeden Fall wieder tun. Wenn du mich fragst, ob ich wollen würde, dass mein Sohn das macht, würde ich nein sagen."

Sara war verblüfft und fragte ihn, ob er das ernst meine. "An unserem derzeitigen Scheideweg würdest du es wieder tun?"

"Nun, mein Krebs kommt nicht vom Football."

"Ja, aber der Kampf gegen deinen Krebs wurde durch Football beeinflusst."

Der Krebs war erst ein paar Monate zuvor entdeckt worden, als Michael wegen eines anderen Problems zum Arzt ging. Ein paar Tage später, als er von der Arbeit nach Hause fuhr, erhielt er einen Anruf von seinem Arzt, der ihm sagte, er solle sofort in die Notaufnahme gehen, sein Immunsystem sei nicht mehr intakt. Zweiundvierzig Stunden später wurde bei Michael akute myeloische Leukämie diagnostiziert und er unterzog sich einer Chemotherapie.

Sara sagte: "Ungefähr zu der Zeit, zu der die meisten Menschen ein Chemo-Gehirn bekommen, vergesslich, müde, unruhig werden, begann das bei Michael, aber es änderte sich rasant und ging über das Chemo-Gehirn hinaus. Die Unruhe wurde so groß, dass sie ihn sedieren mussten. Die Verwirrung wurde zu einer Unfähigkeit, für sich selbst zu sprechen. Aus dem Delirium wurden Halluzinationen, die Angst, angegriffen zu werden, die gegen uns, immer eine Art von Krieg im Gange. An diesem Punkt brachten sie Neurologie und Psychiatrie ins Spiel. Sie verlegten ihn in ein ruhigeres Zimmer mit konsolidierter Betreuung, um die Stimulation in der Umgebung zu verringern."

Michaels Onkologe hatte noch nicht einmal von CTE gehört, als Sara es als möglichen Grund für die extreme Reaktion ihres Mannes auf die Chemotherapie ansprach. Sie kontaktierten die Boston University, wo Michael an der LEGEND-Studie (Longitudinal Examination to Gather Evidence of Neurodegenerative Disease) teilnimmt. Da Michael die erste Person in der Studie ist, die gegen einen Blutkrebs kämpft, hatten die Forscher der Boston University keine Antworten, aber sie verstanden Michaels Angst, dass er bei dem Versuch, den Krebs zu überleben, seinen Verstand verlieren könnte.

Die Chemo wurde gestoppt und Sara sagte: "Es dauerte einige Wochen, bis er wieder bessere kognitive Fähigkeiten hatte."

Die Ärzte konnten nicht sagen, ob der Chemo/CTE-Mix irreversible Schäden verursacht hatte, aber Michael sagte: "Nach der Chemo braucht es weniger, um mich in Rage zu bringen. Mein CTE ist definitiv fortgeschritten und ich habe jetzt einen leichten Tremor in der linken Hand."

Michael sagte: "Ich bin ein Mathe-Typ. Auf der einfachsten Ebene hatte ich nicht die genetischen Marker für einen Erfolg. Es gibt fünf spezifische Marker. Wenn man diese hat, gibt es Behandlungen mit einer 97-prozentigen Rate für ein Fünf-Jahres-Ergebnis. Mit meinen genetischen Markern hatte ich weniger als eine 20-prozentige Chance auf ein Fünf-Jahres-Ergebnis, und das bei einer Re-Induktion und fünf weiteren Chemo-Runden, wobei ich im Grunde sieben bis zehn Monate an ein Krankenhausbett gekettet wäre. Mit der Wahrscheinlichkeit, dass ich ein Gemüse sein würde. Ich betrachtete es so, dass ich zwei Monate lang positive Dinge tat. Ich will nicht, dass meine Kinder mich so sehen. Ich will, dass meine Kinder sich an einen sanften Riesen erinnern, der ab und zu mal sauer wird. Ein großer, starker Kerl. Ich wollte einfach nicht als Tier enden oder weniger als ein Tier.

"Wenn ich die genetischen Marker gehabt hätte, hätte ich es auch mit dem CTE getan, aber allein die Rechnung ging nicht auf."

Sara sagte: "Das ist eine Einbahnstraße und ich weiß, wohin das führt, aber ein Teil von mir möchte ihn einfach über die Schulter werfen und ihn zurück zur Mayo tragen und sagen, pumpe ihn mit Gift voll, damit es eine kleine Chance gibt. Das ist egoistisch. Ich habe mit dem Gedanken gespielt, weil er dann wenigstens noch am Leben ist, auch wenn er eine stark verminderte Leistungsfähigkeit hat und zittert.

"Ich kann diesen egoistischen Gedanken, den ich habe, rasch ablegen und ich kann Michaels Würde als menschliches Wesen verstehen. Das ist keine würdevolle Art zu leben für ihn. Ich kann seine Entscheidung respektieren, aber es ist ein täglicher Kampf, weil ich weiß, dass ich potenziell die Macht habe, dass ich ihn, wenn ich ihn stark genug dränge, dazu bringen könnte, da reinzugehen und sich der Behandlung zu unterwerfen und das ist hart."

Michael sagte: "Vielleicht können sie mich noch ein Jahr lang atmen und mein Herz schlagen lassen, aber ich bin nicht mehr am Leben. Die physischen Handlungen, die nötig waren, um diesen Hirnschaden zu verursachen, waren nicht die Handlungen von feigen Männern. Das waren nicht die Taten von Beta-Männern. Das waren die Taten von Alpha-Männern, mutigen Männern. Wie solche Typen ihr Leben leben und das geistige Bild, das sie von sich selbst haben, diese verminderte Fähigkeit nervt.

"Die Leute haben Angst vor dem Tod", sagte Michael. "Ich bin ein Christ. Wenn der Himmel real ist, weiß ich, wo ich hingehe. Ich bin sehr traurig darüber, dass ich keine Hochzeiten, Jahrestage und solche Dinge erleben kann. Das ist traurig. Statt der Angst vor dem Tod ist da die Angst, jemand anderem zur Last zu fallen, eine verminderte Leistungsfähigkeit zu haben."

Nachdem ich ihre Tochter O'Shen interviewt hatte, verabschiedete ich mich und kehrte ins Hotel zurück. Ich verbrachte einen Großteil der Nacht und des nächsten Morgens mit Tränen, weil ich mir nicht sicher war, ob ich für diese Reise bereit war. Aber ich konzentrierte mich wieder und fuhr nach Hause zu meiner Familie, entschlossen, alles zu tun, was ich konnte, um den Abstieg zu verhindern. Ich würde in 6 Wochen mit meiner Frau zu Michaels Lebensfeier zurückkommen.

Kapitel Sechs

Ich sitze wieder im Flugzeug nach Oregon, meine Frau liest neben mir ein Buch. Vielleicht habe ich noch nicht alles so geregelt, wie ich es mir erhofft hatte, aber ich bin jetzt in einer viel besseren Verfassung als letzte Woche, als ich den Prolog schrieb. Zu einem großen Teil lag das am Gespräch, das ich gerade mit Dr. Alison Gordon hatte, um meine Blutwerte zu besprechen.

Nach einem Jahr gemäß dem Protokoll des Millennium Neuro Regenerative Centers ist meine Blutchemie fast da, wo wir sie haben wollen. Als ich Dr. Alison anvertraute, dass ich mir Sorgen über emotionale Instabilität und Wutprobleme mache, versicherte sie mir, dass das, was ich erlebe, in Anbetracht aller Umstände normal sei.

Das Hauptproblem, auf das sie hinwies, war, dass ich keinen Sport getrieben hatte. Im Gegensatz zu den letzten Jahren, in denen ich regelmäßig Jiu-Jitsu trainierte und Yoga praktizierte, hatte ich mich abgesehen von der begrenzten Physiotherapie, die ich wegen verschiedener Verletzungen gemacht hatte, kaum bewegt.

Zusätzlich zu dem fehlenden physischen Ventil für emotionale Stabilität wies sie mich auch darauf hin, dass ich gestresst war, weil ich im Sommer nicht viel Zeit zum Schreiben hatte, und dass ich an einem beunruhigenden Thema forschte, das mich in dunkle Zeiten zurückversetzte. Meine Reaktionen auf Stress hatten sich eingeprägt und müssten neu überdacht werden, wenn ich nicht weiterhin die gleichen Reaktionen haben wolle.

Sie sagte, dass die eingeprägte Stressreaktion auch für meinen übermäßigen Koffein- und Cannabiskonsum gelte. "Wir greifen nach den Dingen, die uns Ruhe bringen", sagte sie mir. Sie schlug vor, dass ich jeden Monat eine Woche kein Cannabis konsumieren sollte, um meine Werte und meine Toleranz zurückzusetzen.

Ich fragte: "Was ist, wenn ich alle paar Tage einen Tag Pause mache? Würde das nicht genauso funktionieren?"

Ihre Antwort war: "Wie wäre es mit 7 Tagen hintereinander? Du kannst es schaffen."

Und um mir zu helfen, meinen Koffeinkonsum in den Griff zu bekommen, ging sie auf einige der Gefahren ein, die mit starkem Konsum verbunden sind, wie zum Beispiel ein saurer Magen und eine Überstimulation der Nebennieren, welche diese ausschalten könnten.

Da Dr. Alison meine Befürchtung kannte, dass ich eine CTE entwickeln könnte, empfahl sie mir, *Intelligente Zellen* von Bruce Lipton noch einmal zu lesen, das mir mein Akupunkteur ein paar Tage zuvor empfohlen hatte. Das erste Mal las ich dieses Buch einige Jahre vor meiner Gehirnforschung und es half mir, mir bewusst zu machen, wie mächtig unsere Überzeugungen sind. Obwohl ich nicht glaube, dass positives Denken das Fortschreiten von CTE aufhalten würde, akzeptierte ich, dass negative und Angst basierte Überzeugungen nur noch mehr körperliche und emotionale Probleme verursachen würden. Ich musste einen klaren Kopf bekommen und positiv denken, so wie meine Frau mich dazu ermutigt hatte.

Eines der besten Dinge, die Dr. Alison sagte, war, dass Gesundheit und Wohlbefinden eine lebenslange Reise sind. Man kann nicht einfach eine Pille schlucken und erwarten, dass alles besser wird. Das war genau das, was ich hören musste. Ich konnte mir nicht länger einreden, dass alles gut wird, wenn ich alle meine Vitamine und Nahrungsergänzungsmittel nehme.

Obwohl ich *Intelligente Zellen* nicht fertig gelesen habe, bin ich motiviert und wieder auf dem richtigen Weg. Anstatt mich mit Details darüber zu verzetteln, wen ich interviewen werde, welche Themen ich untersuchen werde und wann und wo ich diese Dinge umsetzen werde, entschied ich mich, den gleichen Ansatz zu wählen wie bei *Unlocking the Cage*, wo ich die Dinge natürlich fließen ließ, ohne festen Plan, offen für Möglichkeiten, ein Interview führte mich zum nächsten. Durch diese Herangehensweise habe ich so viele Freunde gewonnen, so viele Geschichten gehört, die ich sonst verpasst hätte, und Lektionen gelernt, die ich nie erfahren hätte.

Es hat mir auch eine Menge unnötiger Kopfverletzungen eingebracht, weil ich nicht nein zum Sparring sagen und erklären konnte, dass ich ein unförmiger Zweiundvierzigjähriger mit einer Vorgeschichte von Gehirnerschütterungen war.

Eine dieser Gehirnerschütterungen erlitt ich beim Team Quest Gresham in Oregon, als mein Kopf auf die Matte knallte und alles für eine Sekunde schwarz wurde. Ich beendete das Training, hatte ein großartiges Interview mit Matt Lindland und ging dann mit pochenden Kopfschmerzen ins Hotel zurück, die mich bis zum Morgen begleiteten. Glücklicherweise fand ich einen Chiropraktiker, der in der Lage war, einige der Schmerzen und Steifheit in meinem Nacken zu lindern, sodass ich mit meinen Plänen, das Team Quest in Tualatin zu besuchen, fortfahren konnte. Ich bat meinen Kumpel Brian, mich zu fahren, da ich meinen Kopf nicht sehr weit drehen konnte und die Kopfschmerzen immer noch da waren.

Im Fitnessstudio ließ ich meine Trainingsausrüstung im Auto und nahm nur meine Audio- und Videoausrüstung mit. Scott McQuary, der Trainer des bekannten UFC-Kämpfers Chael Sonnen, unterrichtete gerade die Kinderklasse, als wir hereinkamen. Ich interviewte vier von Scotts Kämpfern, bevor ich mich mit ihm zusammensetzte.

Scott, ein lebenslanger Kampfsportler, sprach davon, dass es die Aufgabe von Trainern und Managern sei, die Kämpfer anzuleiten und dafür zu sorgen, dass sie nicht zu mutig für ihr eigenes Wohl sind - einer meiner größten Fehler als Kämpfer. Er versicherte mir, dass in seinem Fitnessstudio eine familiäre Atmosphäre herrsche und es keine Feindseligkeiten unter den Kämpfern gebe. Wenn ich das MMA-Training ausprobieren wollte, war ich mehr als willkommen, mich ihnen anzuschließen.

Als ich ihm als Trainer zusah, den Kämpfern zuhörte, die er respektierte, und verstand, wie sehr er Ehre und Integrität schätzte, wusste ich, dass ich Scott vertrauen konnte. Ich erzählte ihm von meinem Nackenproblem und wie es sich anfühlte, als hätte ich einen Autounfall gehabt, aber ich ließ weg, dass es eine Gehirnerschütterung gewesen war. Er sagte, ich solle mir keine Sorgen machen und in meinem eigenen Tempo trainieren, wenn nötig auch aussetzen.

Das Training war sehr schwierig und ich wollte mehrmals aufgeben, aber ich nutzte den Slogan auf der Rückseite von Scotts Team-Quest-Shirt, um mich zu motivieren: Schmerz ist lediglich Schwäche, die den Körper verlässt. Ich beendete das Training, und zum ersten Mal, seit ich das Buchprojekt begonnen hatte, war es mir nicht peinlich, mich in den Kreis der Kämpfer einzureihen, die sich zum Abschluss des Trainings die Hände reichen.

Aber jetzt, da ich gelernt habe, dass einer der gefährlichsten Aspekte einer Gehirnerschütterung darin besteht, zu trainieren, bevor sie ausgeheilt ist, bin ich nicht annähernd so stolz auf meine Entscheidung, durch den Schmerz hindurch zu arbeiten, das Motto jeder Sportart, an der ich seit der Highschool teilgenommen hatte.

Ich denke über die Gehirnerschütterung nach, weil ich morgen Scott besuchen werde. Auf meiner letzten Reise schickte er mir eine Nachricht, in der er mich fragte, ob ich daran interessiert wäre, seine Gehirnerschütterungsgeschichte zu hören. Als ich das bejahte, stellte er die gleiche Forderung wie Michael Poorman und bestand darauf, dass seine Frau teilnimmt.

#

Scotts Nachbarschaft in Lake Osewego ist schön, alles grün und sauber. Scott, der zehn Jahre älter ist als ich, begrüßt mich an der Tür und stellt mich seiner Frau Elisa vor, einer charmanten Frau, die in ihrem Schulbezirk unterrichtet. Ich hole mein Aufnahmegerät heraus und wir setzen uns an einen Tisch in ihrem friedlichen Hinterhof.

In unserem ersten Gespräch erklärt Scott, dass er in der fünften Klasse mit dem Kampfsporttraining begann, weil er gemobbt wurde. Da ich mich nun auf Kopftraumata konzentriere, bitte ich ihn, sich an seinen Weg zu erinnern und an eventuelle Gehirnerschütterungen, die er erlitten hat.

"Ich habe mit Boxen und Ringen angefangen", sagt Scott. "Allmählich entwickelte ich mich zu einem Kampfsport-Nerd mit Karate und Judo und allem. Bei einigen der Würfe habe ich vielleicht ein paar Mal das Bewusstsein verloren. Ich war lange Zeit im Hardcore-Judo und wurde dreihundert bis vierhundert Mal am Tag geworfen. Das ist hart."

Er sagt: "Ich habe Karate und Kickboxen und solche Sachen gemacht, aber erst als ich in meinen späten Teenagern, frühen Zwanzigern war, habe ich wirklich angefangen, mich mehr mit Sparring und anderen Künsten wie den Dog Brothers zu beschäftigen. Man denke nur an ihr Motto: höheres Bewusstsein durch härteren Kontakt. Wir trugen die vollen Bell-Motorradhelme mit unseren Stöcken, und es war nicht ungewöhnlich, jemanden ausgeknockt zu sehen, und das mit einem vollen Helm auf. Es war hart."

Ich erzähle von meiner Zeit, in der ich Stickfighting praktizierte und wie brutal es war. Eine Menge Schmerzen und Kopfschmerzen in den wenigen Malen, in denen ich die Stöcke in die Hand genommen hatte.

Ich frage: "Wann war deine erste schwere Gehirnerschütterung oder das erste Mal, dass du durch einen Schlag auf den Kopf Angst bekommen hast?"

"Die erste war bei meinem dritten und letzten MMA-Kampf." Scott fing erst mit 40 Jahren anzukämpfen und hatte es geschafft, die anderen Sportarten, die er betrieben hatte, wie Ringen und Kickboxen, zu dominieren, ohne wirklichen Schaden zu nehmen. Seine ersten beiden MMA-Kämpfe liefen gut, und Scott konnte innerhalb von 30 Sekunden Unterwerfungen erzielen. Aber im dritten Kampf landete sein Gegner einen sauberen Schlag an Scotts Schläfe, der ihn k. o. schlug.

Ich frage, wie lange er bewusstlos war, aber Scott sagt, er erinnere sich nicht daran.

Elisa sagt: "Nachdem er bewusstlos war, wurde er noch etwa zehn Mal getroffen. Sie haben den Kampf nicht abgebrochen, wie sie es hätten tun sollen."

Als der Ringrichter gefragt wurde, warum er ihn nicht abbrach, sagte er: "Nun, ich lasse Titelkämpfe immer länger laufen. Das tun wir immer."

Scott sagt: "Ich weiß noch, wie ich nach dem Kampf mit den Leuten sprach. Ich fühlte mich gut. Erst etwa drei Stunden nach dem Kampf, zurück im Hotelzimmer, stand ich auf, um auf die Toilette zu gehen, und mir wurde richtig schwindlig und ich konnte nicht mehr laufen. Sie brachte mich in die Notaufnahme."

Elisa erinnert ihn: "Und du hast dich eine Zeit lang übergeben."

Im Krankenhaus machten sie einen CAT-Scan und ein MRT, sagten aber nur, Scott habe eine schwere Gehirnerschütterung.

Elisa sagt: "Das Beängstigende daran ist, dass es gut zehn bis zwölf Monate dauerte, bis er Symptome davon hatte. Er hatte Depressionen, Gedächtnisverlust. Es beeinträchtigte sein Sehvermögen."

Scott sagt: "Ich arbeite in der Luft- und Raumfahrt, wo ich Röntgenbilder von Düsentriebwerken interpretiere und nach Fehlern suche, und ich konnte mich einfach nicht mehr konzentrieren."

Die daraus resultierende schlechte Arbeitsleistung verschlimmerte Scotts Depression, also rief Elisa seinen Chef an und erklärte ihm, dass sie die Gehirnerschütterung als Verletzung betrachten und ihm entgegenkommen müssten. Sie nahmen die Änderungen für Scott vor, ließen ihn aber wissen, dass er wahrscheinlich seinen Job verlieren würde, wenn er weiter kämpfte.

Seine Symptome verschlimmerten sich, wenn er etwas tat, das Konzentration erforderte. "Sobald ich mich nicht mehr konzentrieren konnte, spürte ich, wie ich depressiv wurde, dann wurde ich frustriert und kurzatmig. Das waren alles die klassischen Anzeichen, die ich für eine Gehirnerschütterung nachgeschlagen habe."

"Hattest du eine Ahnung, dass eine Gehirnerschütterung so lange andauern kann?"

"Das hätte ich nicht gedacht. Wie jeder Boxer dachte ich, das passiert mir nicht, das ist in einer Woche wieder verheilt. Und als es dann monatelang andauerte, war es sehr schwer, darüber hinwegzukommen."

Scott sagt: "Dieser Kampf passierte 2006 und 2010 trainierte ich Jüngere und hatte einen in einem Unterwerfungsgriff und schaute nach unten und konnte nicht spüren, wie er klopfte." Zum Glück für Scott war einer seiner Schüler ein Sanitäter und erkannte, dass Scott einen Schlaganfall hatte.

Scott erholte sich von dem Schlaganfall und fing sofort wieder mit dem Training an. Zwei Jahre später bereitete Scott Chael auf den zweiten Kampf gegen Anderson Silva vor. Sie machten eine Vorführung, bei der Scott die Handschuhe für Chael hielt, welcher Sackhandschuhe ohne Polsterung trug. Scott rief einen Spinning Back Kick aus, aber die Musik war so laut, dass Chael Spinning Back Fist hörte. "Er traf mich sauber an der Seite der Schläfe und brachte mich zu Fall. Vier Tage später, als ich mit ihm und Yushin Okami trainierte, ging ich mitten im Training zu Boden. Ich hatte vier schwere Krampfanfälle und biss mir die Zunge an drei Stellen durch. Es war ziemlich traumatisch."

Elisa sagt: "Nach dem Schlaganfall ging es ihm ähnlich. Er verfiel wieder in eine Depression und wurde vergesslich. Es dauerte eine Weile, obwohl er das Gefühl hatte, es ginge ihm gut. Mit der Zeit hatte er Gedächtnislücken und Aufmerksamkeitsschwächen, die mir auffielen."

Ich frage, ob es eine erhöhte Anfälligkeit zu Wut oder Irritation gab.

"Auf jeden Fall", sagt sie. "Nach dem Schlaganfall gab es mehr Depressionen und etwas Wut und Frustration; aber nach den Anfällen war ich mir nicht ganz sicher, weil sie ihm ein Medikament namens Keppra gaben, ein Antiepileptikum, und eine der Nebenwirkungen kann erhöhte Aggression sein."

Es war klar, dass das jede Beziehung belasten würde. Elisa sagt: "Man muss für sein Verhalten in der Beziehung und in der Familie verantwortlich sein, aber dann muss sie auch vergebend und offen sein." Als Partnerin sagt Elisa: "Man muss sich abgrenzen, aber im Rahmen seiner Möglichkeiten Rechenschaft ablegen und nicht einfach nur dastehen und es hinnehmen. Es gab definitiv eine Menge Gesprächsbedarf, um die Emotionen zu verstehen."

Sie erzählen mir, dass Scotts Stimmungsschwankungen später in der Woche schlimmer zu werden schienen, höchstwahrscheinlich nach der Bewältigung des Stresses durch die Leitung des Fitnessstudios, die Arbeit und die Familie. Scott vermutet auch, dass es nachts schlimmer wurde. Wenn Scott in der Vergangenheit nervös wurde, packte Elisa seine Sporttasche und sagte ihm, er solle trainieren gehen, was Sparring bedeutete. Jetzt, wo er wegen der Gehirnerschütterung in seinen körperlichen Möglichkeiten eingeschränkt war, verstärkte das die Depression nur noch mehr.

Scott scheint ein unglaublich ruhiger und friedlicher Mensch zu sein, also frage ich, wie viel Wut oder Aggression er vor den Ereignissen hatte.

"Ich nenne es Konkurrenzdenken. So würde ich es einordnen", sagt Scott. "Ich war schon immer bei allem sehr wettbewerbsfähig und hatte eine ruhige äußere Schale, aber ich mag es, mich zu messen."

Als Scott ausgeknockt wurde, war der einzige medizinische Rat, den sie bekamen, das, was sie im Internet finden konnten. Nach dem Anfall hatten sie einen Neurologen, den sie konsultieren und neue Behandlungen ausprobieren konnten.

Eines der Dinge, die Scott als sehr hilfreich ansieht, ist das Spielen von Denkspielen. "Ich habe auch sehr viel meditiert. Ich ging zur Therapie und sprach mit dem Psychologen darüber, wie ich Stress abbauen kann, und das hat sehr geholfen.

"Er macht viel Yoga und meditiert und macht die Wim-Hof-Atmung", sagt Elisa.

In Bezug auf die verschiedenen Dinge, die die Genesung beeinflussen, sagt Scott: "Ich werde dieses Jahr 58 Jahre alt. Ich frage mich, wie viel des Gedächtnisverlustes vom Älterwerden und wie viel von den Gehirnerschütterungen herrührt. Manchmal vergesse ich Dinge und frage mich dann, ob ich zu hart zu mir bin."

Ich erzähle Scott und Elisa, dass meine Frau weiterhin darauf besteht, dass es mir gut geht, dass ich keine auffälligen Probleme habe und dass ich mir zu viele Gedanken mache. Und dann verliere ich völlig den Faden, was ich lachend als Folge der Gehirnverletzungen abtue.

Die Frage fällt mir wieder ein und ich frage: "Wenn du das Hirntrauma nicht gehabt hättest, glaubst du, dass du geistig und emotional ganz anders wärst?"

"Ich denke, das Einzige, was es bewirkt hat, ist, dass es mich auf den Weg der Meditation geführt hat, was ein Segen im Verborgenen war." Scott sagt, er habe schon immer Mitgefühl für seine Kämpfer gehabt, die Hirnverletzungen erlitten haben, aber erst seine eigene Gehirnerschütterung hat ihn dazu gebracht, Empathie zu zeigen.

#

Es ist Samstag, die 90-minütige Fahrt nach Astoria gibt mir viel Zeit, das Gespräch mit Michael und seiner Frau noch einmal durchzugehen und zu erkennen, wie ähnlich ihre Situation derjenigen der McQuarys war.

Genauso wie Scott es ohne die Liebe und Unterstützung seiner Frau nicht geschafft hätte, hatte Michael auf dasselbe bestanden und gesagt: "Ohne Sara wäre meine Karriere zusammengebrochen und verbrannt. Sie hat ihre Karriere vor 15 Jahren aufgegeben und meine Karriere wurde zu unserer Karriere."

Sara sagte: "Wir hatten ein normal funktionierendes Haus mit Kindern und Hunden, aber als das CTE fortschritt, mussten wir das Haus berechenbar und ruhig machen. Er musste manchmal alleine essen oder das Haus verlassen." Sie verwandelte ihr Haus in eine nicht-zielgerichtete Umgebung und entfernte Dinge, die mögliche Auslöser sein könnten.

Sie erklärte auch, wie wichtig es war, nach dem CTE eine Routine zu schaffen. "Das wurde notwendig", sagte sie. "Er rief ein paar Mal an, wo er sich nicht erinnern konnte, ob er sein Gepäck aufgegeben hatte."

Um die Dinge für Michael einfacher zu machen, planten sie seine Reise komplett und gaben ihm Hinweiskarten, nicht nur für Geschäftstreffen, sondern auch für Dinge wie das Einchecken am

Flughafen. Sara sagte: "Wir können die Welt nicht ändern, aber wir gaben ihm Bewältigungsmechanismen, damit er sich darin zurechtfindet."

Sogar für Familienausflüge erstellten sie einen separaten Reiseplan für Michael, damit er nicht durch den zusätzlichen Stress der Betreuung aufgeregt wurde. All das war eine Anstrengung, um sie und die Kinder zu schützen, und um Michael zu schützen.

Sara sagte, das Ziel sei es gewesen, eine optimale Umgebung zu schaffen, weil Michael buchstäblich den Verstand verliert. "Wir hatten unseren ganzen Ruhestand um sein CTE herum geplant. Wir wollten das Land verlassen, weil wir wussten, dass es hier keine gute psychiatrische Versorgung gab. Es gibt eine Insel in der Karibik, die wir sehr mögen. Ich bin Taucherin und wollte ein Tauchgeschäft eröffnen, und Michael kocht gerne. Also haben wir dort unten Berechnungen angestellt und konnten uns einen Hausmeister leisten. Ich stellte mir vor, eine kleine Küche in der Tauchbasis zu haben, in der er kochen könnte. Es ist vorhersehbar, stabil, wenig Auslöser, wenig Druck, etwas, das er jeden Tag tun könnte."

Auf die Frage, was sonst noch hilft, sagte Michael: "Ich meditiere. Ich sage jeden Morgen eine Reihe von Mantras auf. Ich lese eine Menge Selbsthilfebücher. Ich mache eine kognitive Therapie. Abwaschen oder Wäsche falten ist für mich eine Form der Meditation."

Michael sagte: "Wenn ich dienstleistungsorientiert statt selbst orientiert sein kann und mir meiner Emotionen bewusst bin, habe ich einen viel besseren Tag."

Ich erzählte Sara, dass meine Frau davon überzeugt ist, dass ich keine Hirnverletzungen habe. Ich fragte sie: "Was würden Sie meiner Frau oder dem Partner von jemandem sagen, der möglicherweise eine CTE hat?"

"Zuerst müssen Sie sich darüber informieren, wie CTE aussieht. Verstehen Sie die Mechanik, die Pathologie und den Verlauf der Krankheit. Dann muss man den menschlichen Aspekt verstehen, wie es aussieht. YouTube ist eine großartige Quelle dafür."

Sara sagte, dass sie vor dem dissoziativen Vorfall merkwürdige Dinge an Michaels Verhalten bemerkte und sich fragte, ob es nur daran lag, dass er alt oder wütend wurde. Sie dachte auch, dass es sich um Eheprobleme handeln könnte und fragte sich, ob sie daran schuld sei.

"Es liegt nicht an dir", sagte Sara. "Bilde dich weiter und hole dir Hilfe durch Psychologie oder Psychiatrie. Du kannst Anpassungen vornehmen, um es besser zu kontrollieren. Mache eine Therapie für die ganze Familie und lehre die Kinder, es nicht persönlich zu nehmen."

Sie sagte: "Es ist eine Jeckyl und Hyde-Sache. Michael hat einige verletzende und peinliche Dinge getan. Es braucht ein wirklich starkes Rückgrat, um damit umzugehen. Ich habe einen emotionalen Schaden; meine Kinder haben einen emotionalen Schaden."

Ihre 16-jährige Tochter O'Shen bestätigte, wie schwierig es gewesen sei. Als Kind erlebte sie ihren Vater als einen netten, fürsorglichen und aufrichtigen Menschen, der gelegentlich ausrastete und übermäßig wütend wurde, wenn es keinen Sinn machte.

Als Teenager konnte sie nicht verstehen, warum Michael sich so verhielt, und sie verinnerlichte eine Menge Schuldgefühle. O'Shen dachte, dass sie etwas falsch machte und dass sie in der Lage sein sollte, zu helfen. Dies trug zu 4 Jahren schwerer Depression bei, in denen sie sich selbst hasste.

Jetzt, wo O'Shen reifer geworden ist, sieht sie Michael als zwei verschiedene Menschen. Durch die Therapie und die ehrliche Kommunikation sowohl mit Sara als auch mit Michael hat sie ihre Depression überwunden und hat Michaels Episoden besser im Griff. "Es stört mich immer noch, aber ich nehme es nicht persönlich. Man würde eine gelähmte Person nicht anschreien, weil sie nicht aufsteht und geht."

O'Shen sagte, es sei traurig, aber einer der Bewältigungsmechanismen sei, dass sie sich von Michael distanzieren müsse. "Die rationale Seite von mir möchte mit ihm streiten, wenn er ausflippt, aber ich muss weggehen und mich entschuldigen, es einfach sein lassen."

Als ich sie fragte, was sie jemand anderem sagen würde, der eine ähnliche Situation durchmacht, sagte sie: "In der Anfangsphase solltest du die guten Seiten, die du erlebst, und den normalen Teil von ihm, den du erlebst, schätzen, denn irgendwann bekommst du diese Seiten nicht mehr so oft."

Sara sagte: "Ich habe die schlimmsten Fälle gesehen, wie die Schlagzeilen über Aaron Hernandez, aber das muss nicht unbedingt so sein. Michael hat ein erhebliches Maß an CTE, aber wir sind beide motiviert, unsere Ehe und Familie zusammenzuhalten. Wir mussten unkonventionelle Dinge tun, um mit einer merkwürdigen Krankheit umzugehen."

Durch die Trennung von Krankheit und Verhalten war die Familie in der Lage, ein gut funktionierendes Leben mit CTE zu führen. "Wenn nicht, hätten wir uns scheiden lassen und er hätte sich schon lange umgebracht", sagt Sara. "Die Menschen werden entweder motiviert sein, ein Leben damit zu gestalten, oder nicht."

Sara sagte: "Ich habe mich damit abgefunden, dass Michael sich jeden Moment impulsiv umbringen kann. Ich habe die Waffen weggesperrt. An einem bestimmten Punkt habe ich mir gesagt, wenn er es tut, dann tut er es."

Sie erzählte von einem Vorfall, der sich Anfang der Woche ereignete. Eine Kleinigkeit brachte ihn aus der Fassung und er reagierte völlig unangemessen. "Wenn so etwas passiert, mache ich eine beruhigende Bewegung zu den Kindern. Dann setzen sie sich Kopfhörer auf und gehen weg. Manchmal bringen beruhigende Dinge Michael runter oder er geht in ein anderes Zimmer und schreit. Das muss sich von selbst regeln."

Eine Sache, die Sara sehr deutlich machte, war, dass es eskalieren wird, wenn man versucht, mit jemandem mit CTE zu streiten. "Ich könnte Michael auf diese Weise in den Selbstmord treiben."

Ich fragte Michael: "Was würdest du anderen Jungs sagen, Jungs, mit denen du Football gespielt hast?"

Obwohl Michael das Wort "Kapitulation" hasst, weil es das Gegenteil von allem ist, was man ihm in der Leichtathletik und über das Mannwerden beigebracht hat, sagte er, dass Vertrauen und Kapitulation die beiden größten Schlüssel sind. "Wenn Sara mir sagt, dass ich eine dieser Episoden und Momente habe, muss ich ihr vertrauen und gehen, aus dieser Situation herauskommen. Ich hoffe, dass die Leute, die jetzt eine Diagnose haben, mit einer Partnerin wie Sara gesegnet sind."

Er sagte: "Wir werden Auseinandersetzungen haben, bei denen ich weiß, dass ich recht habe, und dann spielt sie die CTE-Karte." Ob es Handsignale oder Kniestöße unter dem Tisch sind, wenn Sara bemerkt, dass Michael soziale Hinweise verpasst oder sich unangemessen verhält, ihr Hinweisen auf das Verhalten reicht oft aus, um die Situation zu entschärfen.

Michael sagte: "Ich habe einen begrenzten Tank und ich muss alle Ressourcen in meinem Tank nutzen, um den Tag zu überstehen und positiv für meine Kinder zu sein. Der größte Einfluss, den du in deinem Leben haben kannst, ist, wie du zu deiner Familie und Gemeinschaft beitragen kannst."

Die Einnahme eines Stimmungsstabilisators war ein weiterer Vorschlag, den sie machten. Michael sagte: "Wir stritten uns sechs Monate lang, bevor wir uns auf Prozac einließen. Ich wollte die Kontrolle nicht aufgeben."

Obwohl Michael sich manchmal fragt, ob auch ein Placebo ausreichen würde, glaubt er, dass es eine Verbesserung gegeben hat. Sara stimmte dem zu und sagte, dass das Prozac Michael ein wenig mehr gebremst hat, sodass er sich selbst ein wenig besser sehen konnte.

Michael sagte: "Die Achtsamkeit war ein entscheidender Teil für mich, um die Kontrolle über meine eigenen Emotionen zu gewinnen und zu verstehen, warum ich unsicher war und zu versuchen, das loszulassen. Und dadurch konnte ich Sara vertrauen."

Sein Rat an andere: "Übt Achtsamkeit, Meditation, Mantras. Lernt, euch mit euren Emotionen zu verbinden und eure mentale Temperatur zu erkennen. Sucht einen Therapeuten auf und arbeitet an dem zugrunde liegenden Problem. Und hoffentlich seid ihr mit einem Partner gesegnet, der sich dahin gehend weiterbilden kann. Bildet eure Familie weiter. Es braucht ein Team. Seit bescheiden genug, um euer Leben entsprechend der Krankheit zu verändern."

Kapitel Sieben

Meine Hormone sind also reguliert und ich bin in Therapie, aber trotz der Verbesserungen geht es mir nicht gut. Tatsächlich bin ich verdammt wütend, frustriert, verängstigt und reumütig. Insgesamt einfach nur traurig. Und das schließt nicht die Schuldgefühle ein, die ich habe, weil ich all das fühle, wenn ich weiß, was Michael Poorman und seine Familie durchmachen und jeden Moment schätzen, den sie zusammen sind.

Es gab zusätzlichen Stress durch den Beginn des Schuljahres. Wenn ich meine Tochter und meine Nichte zur Schule bringe und dazu noch meine eigenen Arzttermine wahrnehme, verbringe ich 2 bis 4 Stunden pro Tag im Auto. Und wenn Sie schon einmal in Los Angeles gefahren sind, wissen Sie, dass L.A.-Verkehr für Largely Assholes steht.

Aber was auch immer die Ursache für den Stress ist, ich kenne den Auslöser. Es ist diese ganze Forschung über traumatische Hirnverletzungen. Artikel und Bücher zu lesen ist schon schlimm genug, aber in den letzten Tagen habe ich den Fehler gemacht, mir Videos von ehemaligen Boxern anzusehen.

Michael Poorman wies in seinem Interview darauf hin, dass jeder wusste, dass das Boxen Mohammad Ali ruiniert hat, also wussten wir, dass das Risiko da war. Aber es ist eine ganz andere Sache, die menschliche Seite zu sehen. Diese einst mächtigen Männer, die zu den tödlichsten der Welt gehörten, saßen nun in Rollstühlen, konnten kaum sprechen und waren schwer zu verstehen. Ihre Familien waren in Tränen aufgelöst und hatten keine Möglichkeit zu helfen. Dies war keine seltene Krankheit, die nur ein paar beliebige Menschen betraf.

Die andere Sache, die Michael über das Boxen sagte, war, dass er nicht glaubte, dass er irgendwelche Schäden durch den Sport erlitt. Als wir aufwuchsen, wurde uns beigebracht, aufzustehen und zurückzuschlagen. Kämpfen war ein echter Teil des Lebens, Schläge auf den Kopf schüttelte man einfach ab.

Als ich mich entschied zu kämpfen, war der Gedanke an einen Hirnschaden nicht genug, um mich davon abzubringen. Ein Teil davon war die völlige Missachtung meiner Gesundheit und meines Wohlbefindens, aber der andere Teil war, dass es mir wie ein kleines Risiko erschien, von dem ich hoffte, dass es mir nicht passieren würde.

Das sagte ich mir auch, als ich den schrecklichen Fehler beging, eine professionelle Boxkarriere anzustreben, ohne vorherige Boxerfahrung und mit nur einer Handvoll MMA-Kämpfen auf niedrigem Niveau. Als ich nach Vegas zog, hatte ich eine 0:1-Profibilanz mit nur wenigen Runden echten Sparrings. Die Dinge waren im Begriff, hässlich zu werden.

Ich war noch nicht lange in der Stadt, als jemand dachte, es wäre eine gute Idee, mich gegen Friday "The 13th" Ahunanya antreten zu lassen, der 15-0 war und die meisten seiner Siege durch K. o. errungen hatte. Friday benötigte eine halbe Runde, um mich zu durchschauen. Ich lief in eine seiner Rechten, prallte von den Seilen ab und zurück in eine zweite Rechte, die meine Augenhöhle quetschte und mich zwei Wochen lang mit Doppeltsehen, undeutlicher Sprache und Kopfschmerzen zurückließ.

Im nächsten Jahr hatte ich eine meiner schlimmsten Gehirnerschütterungen. Ich war beim Sparring mit meinem regelmäßigen Sparringspartner Kelvin "Concrete" Davis, der zu dieser Zeit 17:0 im Cruisergewicht stand. Es war die erste Runde des Sparrings und ich wurde von einem harten Haken erschüttert. Wir machten eine Pause, damit ich in meine Ecke gehen konnte, um einen klaren Kopf zu bekommen und etwas Wasser zu holen. Das Nächste, was ich wusste, war, dass ich außerhalb des Rings mit meinem Manager Wes stand, der mir die Handschuhe auszog. Ich fühlte mich schrecklich und entschuldigte mich bei ihm.

Wes fragte, was los sei.

Ich sagte: "Ich konnte nicht einmal eine Runde Sparring überstehen." Das war seit dem Sparring gegen Friday mit der Prellung der Augenhöhle nicht mehr passiert und ich war ziemlich beschämt.

Aber nicht so peinlich, wie wenn Wes den Kopf schief legte und fragte: "Wovon redest du? Du hast gerade vier Runden beendet und die letzten drei waren einige der besten, die du je hattest."

Es stellte sich heraus, dass ich nach der kurzen Wasserpause direkt wieder 9 Minuten lang Sparring machte, wobei ich mich auf den Autopiloten verließ, weil mein Gehirn pausierte.

Ich tat so, als ginge es mir gut, aber im Stillen war ich in Panik. Ich wusste nicht, welcher Tag es war und ob ich zu meinem Job im Gefängnis gehen musste, wo ich Nachtschicht hatte. Ich konnte auch meine Autoschlüssel nirgends finden und musste schließlich um Hilfe bitten, bis ich merkte, dass man mich zum Fitnessstudio gefahren hatte. Es war mir entfallen, dass ich nur ein paar Tage zuvor mein Auto bei einer Kollision mit dem Mittelstreifen der Autobahn mit 100 km/h zu Schrott gefahren hatte. Offensichtlich war mein Gehirn noch nicht geheilt.

Im Laufe des nächsten Jahres wurde ich weiterhin von unbesiegten Schwergewichtlern und knallharten Gesellen, die ich im Fernsehen hatte kämpfen sehen, verprügelt. Und das alles, während ich wie verrückt feierte, sehr wenig Schlaf bekam und nur Fast Food und ekelhafte Gefängnismahlzeiten aß, weil ich mit einem sehr begrenzten Budget lebte.

Mann, das war keine gute Zeit für mein Gehirn, das mich auf Schritt und Tritt sabotierte. Glücklicherweise wurde ich in meinem fünften Profikampf vorzeitig ausgeknockt, und wir alle merkten, dass ich nicht für den Sport geschaffen war, meine Trainer und Manager machten sich Sorgen um mein Gehirn. Leider teilte ich ihre Bedenken nicht und ging zurück ins MMA.

Der Gedanke an die Schläge war beunruhigend, aber nichts im Vergleich zu dem Telefonat, das ich gerade mit einem alten Freund und Sparringspartner aus dem Golden Gloves Gym hatte. Er hatte sich Jahre zuvor gemeldet, als ich *Unlocking the Cage* schrieb, da er daran interessiert war, ein ähnliches Buch für die Boxwelt zu schreiben. Dieses Mal rief er an, weil er Fragen zu diesem Gehirnbuch hatte.

Das Gespräch war eines der traurigsten, die ich je hatte. Seine Sprache war undeutlich und schwer zu verstehen, und er war ein emotionales Wrack, sein Leben in Aufruhr. Zuerst glaubte er nicht, dass er Probleme mit dem Gehirn hatte, aber als ich die Liste der Symptome durchging und aufzeigte, welche davon für mich die schlimmsten waren, gab er jedes einzelne zu. Er hatte keine Ahnung, dass irgendetwas von dem, was er erlebte, auf ein Kopftrauma zurückzuführen war. Ein Kopftrauma, das wir uns gegenseitig zugefügt hatten.

Nicht lange nach dem Anruf kam Jen in die Küche und fand mich weinend am Tisch, während auf meinem Computer weitere Videos von hirngeschädigten Boxern liefen. Sie versuchte, mich zu trösten und fragte, was los sei.

Ich sagte: "Siehst du all diese Typen hier? Die, die so kaputt sind, dass sie sich kaum noch zusammenreißen können, bevor sie sich umbringen?"

Sie nickte.

Ohne melodramatisch sein zu wollen, nur realistisch, sagte ich: "Ja, nun, ich bin mir ziemlich sicher, dass ich in diese Richtung gehe."

"Nein, wirst du nicht", sagte sie, als wäre es ein lächerlicher Gedanke. "Du hast diese Symptome nicht. Nicht mehr als die Durchschnittsperson in unserem Alter."

Da ich Jen nur einen Teil meines emotionalen Wirbelsturms mitteilte, weil ich sie nicht mit bestimmten Eingeständnissen erschrecken wollte, hatte sie teilweise recht mit ihrer Annahme. Aber als sie wegging, schrieb ich folgendes in mein Gehirnbuch-Tagebuch: "Wenn ich Demenz bekomme, vergiss nicht, Jen zu sagen, ich habe es dir verdammt noch mal gesagt."

Ich hatte drei Interviews angesetzt, um den militärischen Aspekt von Hirnverletzungen zu erforschen, aber ich sagte sie im letzten Moment ab, weil die Depression mich immer noch im Griff hatte und ich mich unbedingt von dem Thema distanzieren wollte. Jen bestand darauf, dass sich die Recherche negativ auf unser Leben auswirkte und ich eine Pause einlegen oder das Buch ganz aufgeben sollte. Ich machte meinen potenziellen Hirnschaden zu etwas Größerem, als er tatsächlich war.

Meine Schwester, die auch meine Lektorin ist, wusste über meine Gehirnforschung Bescheid und schlug mir vor, Vital Head and Spinal Care in Pasadena aufzusuchen, wo ihr Sohn mit Neurofeedback und einer speziellen Form der Chiropraktik, die sich auf den oberen Halswirbelbereich konzentriert, erstaunliche Ergebnisse erzielte. Er hatte schon seit einiger Zeit mit dem Post-Concussion-Syndrom zu kämpfen und es schien, als ob sich die Dinge zum Guten gewendet hätten.

Genau wie bei dem Protokoll des Millennium Neuro Regenerative Centers besprach ich den Behandlungsplan mit meiner Frau und wog die Kosten gegen die Vorteile ab. Wir glaubten beide irgendwie immer noch, dass es mir gut ging und ich es nicht wirklich brauchte, aber wir waren uns einig, dass ich zumindest sehen sollte, ob die Tests etwas Kritisches zeigten. Zumindest würde mir das etwas geben, worüber ich hier schreiben könnte.

Immer noch unsicher, ob ich das Geld ausgeben wollte, um mein Gehirn kartieren zu lassen, begann ich mit der NUCCA (National Upper Cervical Chiropractic Association) Seite der Praxis. Während meiner ersten Konsultation mit Dr. Julia Radwanski erklärte sie mir den Unterschied zwischen dem, was sie tun, und dem, was traditionelle Chiropraktiker tun.

"Wir schauen uns an, wie das Gehirn mit dem Körper kommuniziert", sagte sie. "Ein traditioneller Chiropraktiker schaut sich an, wie sich die Gelenke bewegen, wie die Muskeln funktionieren."

Dr. Radwanski fuhr fort: "Ihr Gehirn kontrolliert jeden Aspekt Ihres Körpers. Es kontrolliert alle Ihre Muskeln, alle Ihre Empfindungen, Ihre Gedanken, Emotionen, Organe, Hormone und so weiter. All das läuft durch diesen Tunnel hier", sagte sie, während sie auf die Schädelbasis auf ihrer Präsentationstafel zeigte. "Wenn sich das verlagert, verursacht es eine Entzündung und Irritation hier am

Hirnstamm. Wenn das passiert, verändert es die Art und Weise, wie diese Signale weitergeleitet werden."

Da Dr. Radwanski meine Vorgeschichte mit Kopfverletzungen kannte, sagte sie, dass sich bei Gehirnerschütterungen der Atlas, der oberste Wirbel der Wirbelsäule, von links nach rechts verschieben und auch von oben nach unten verdrehen kann.

Meine Röntgenaufnahmen zeigten eine kleine, aber signifikante Verschiebung der beiden Wirbel (Atlas/C1 und Axis/C2) an der Schädelbasis. Dies beeinträchtigte die Durchblutung und den Liquorfluss in und aus meinem Gehirn. Es führte auch dazu, dass mein Gehirn verzerrte Nachrichten von den Sensoren, den sogenannten Mechanorezeptoren, in meinen Muskeln und Gelenken erhielt, was meinen Gleichgewichtssinn und meine Koordination beeinträchtigte.

Dr. Radwanski war der Meinung, dass die Verschiebung für das ständige Verrutschen meiner Rippen, die Abweichung eines meiner Beine um einen Zentimeter, die Verschlimmerung der degenerierten Bandscheibe in meinem unteren Rücken und meine verdrehten Hüften verantwortlich war. Sie sagte: "Sie könnten den ganzen Tag an diesen Muskeln arbeiten, jeden Tag. Sie könnten zum besten Chiropraktiker gehen, Sie könnten zum besten Massagetherapeuten gehen, aber wenn Ihr Gehirn Ihnen signalisiert, dass die Muskeln angespannt sind, werden sie auch angespannt bleiben.

Ich verpflichtete mich zur Teilnahme an der Behandlung, was bedeutete, dass ich in den ersten acht Wochen zweimal pro Woche nach Pasadena fahren musste, aber noch wichtiger war, dass ich Jiu-Jitsu und andere Aktivitäten aufgeben musste, während ich mich in der Heilungsphase befand. Ein Teil von mir freute sich, dass es Verbesserungen geben könnte, aber der andere Teil ärgerte sich darüber, dass ein weiterer Teil meines Tages dadurch in Anspruch genommen wurde.

Dass ich kein Jiu-Jitsu mehr habe, um mit Aggressionen, Frustrationen und Sorgen umzugehen, und dazu noch die zusätzliche Zeit im Auto kam, machte mich zu einer schrecklichen Person, mit der man zusammen sein kann. Gestern hatte es gut angefangen, aber dann geriet ich in einen Streit mit Jen. Anstatt zu bleiben und den Streit zu beenden, zog ich mich nach unten zurück, schnappte mir meinen Computer, setzte mich auf die Fußmatte und drehte Slipknot so laut auf, wie es ging.

Jen erschien in der Tür und griff wieder ein. Mein Herz raste, alles verstärkte sich, und ich konnte meine Emotionen kaum unterdrücken, als ich dort saß. Ich drehte die Musik leiser und versuchte zu reden, aber sie warf mir vor, ich würde schreien und wütend werden. Je mehr sie redete, desto wütender wurde ich und fühlte mich beschimpft wie ein Kind, während sie über mir stand.

Ich weiß nicht mehr, was sie sagte, aber die Frage, ob ich einen Hirnschaden habe, spielte eine große Rolle. Ich weiß nur noch, dass wir beide schrien. Sie schrie etwas, und ich drehte durch und sprang vom Boden auf, landete direkt vor ihr und schrie ihr ins Gesicht.

Jens Schrei durchdrang mein Gehirn.

Ich hob meine Hand, als wollte ich sie ohrfeigen. "Da!", brüllte ich. "Denkst du, ich habe diese Symptome nicht? Willst du sie verdammt noch mal sehen?"

Jen war fassungslos, schwieg eine Sekunde lang. Noch nie in meinem Leben hatte ich eine Frau bedroht. Ich schämte mich und war doch so wütend. Sie warf mich aus dem Haus, aber ich war schon oben und packte meinen Kram zusammen, dachte darüber nach, wie ich mein Leben, ihr Leben und das der Kinder innerhalb weniger Minuten komplett versaut hatte, und hatte keine Ahnung, wie die Dinge so schnell aus dem Ruder gelaufen waren. Noch nie hatte ich diesen Kontrollverlust gespürt. Noch nie habe ich mich so geschämt.

Unser Streit ist jetzt eine Woche her. Obwohl ich mir selbst noch nicht verzeihen kann, geht es Jen und mir schon viel besser. Bevor ich das Haus verlassen konnte, setzte sich Jen zu mir und wir sprachen über alles. Sie nahm einen Teil der Verantwortung dafür auf sich, dass sie mich so lange reizte, bis ich ausrastete, und rechtfertigte meinen Wutausbruch damit, dass es in Ordnung sei, weil ich sie nicht geschlagen habe, auch wenn es den Anschein hatte, dass ich dies tun wollte.

Durch diese Haltung habe ich mich noch mehr geärgert. Ich hatte ihr so viel Angst eingejagt, dass sie sich wie eine geschlagene Ehefrau anhörte, die ihren Angreifer verteidigt. Ich versprach Jen, dass ich mich an einen sicheren Ort zurückziehen oder mich selbst aus dem Spiel nehmen würde, falls mein Verhalten dazu führen würde, dass einer von uns um seine Sicherheit fürchten müsste - eine Haltung, die der von Michael Poorman sehr ähnlich war.

Ich habe meinem Therapeuten dieses Versprechen nicht gegeben, aber habe den ganzen Streit geschildert. Ich war überrascht, dass er das gleiche Verständnis hatte wie Jen und mir sagte, ich müsse mir selbst vergeben. Auch wenn er den traumatischen Hirnverletzungen anscheinend nicht viel Schuld an meinem negativen Verhalten gibt, versteht er meine Frustration über meine Beziehung und den anhaltenden Machtkampf. Er sagte mir, ich solle mich auf die positiven Aspekte des Streits konzentrieren, und brachte mir einige Bewältigungstechniken bei und zeigte mir, wie ich mich Jen nähern kann, ohne einen weiteren Streit auszulösen. Es gelang mir auch, Jen davon zu überzeugen, zu seiner Frau zu gehen, damit wir beide von der Therapie profitieren konnten.

Die NUCCA-Anpassungen haben noch keinen spürbaren Unterschied gemacht, wie Dr. Radwanski gewarnt hatte, aber ich war in den letzten zwei Wochen viel besser gelaunt. Und heute war es unglaublich, ich war nicht gestresst, als ich zur California State University LA und dann nach Pasadena fuhr, um mit Dr. Giancarlo Licata, einem NUCCA-Chiropraktiker und einem sehr positiven und energiegeladenen Mann, der immer lächelt, meine Brain-Mapping-Ergebnisse durchzugehen.

Am Wochenende hatte ich ein tolles Gespräch mit meinem Neffen Ryan Nyeholt, der sowohl von NUCCA als auch von Neurofeedback profitiert hat. Ryans Gehirnerschütterungen vom Highschool-Wrestling hatten sein Leben im letzten Jahr negativ beeinflusst: Kopfschmerzen und die Unfähigkeit, sich zu konzentrieren, führten dazu, dass seine

Schularbeiten und Noten darunter litten. Nach einer NUCCA-Behandlung seines Nackens und 30 Runden Neurofeedback waren Ryans Noten wieder besser geworden, seine Kopfschmerzen waren verschwunden und er war ein viel glücklicherer und gesünderer Mensch. Der Vortrag war so überzeugend, dass meine Frau und meine Tochter sich ebenfalls entschlossen, ihre Gehirne untersuchen zu lassen.

Es war beängstigend zu sehen, was eine Gehirnerschütterung in einem gesunden jungen Gehirn anrichten kann und welche Behandlungen nötig sind, um sie zu überwinden. Ich machte mir ein wenig Sorgen darüber, was meine Karte zeigen könnte, aber ich sagte mir, dass die Hormonbehandlung, die ich gemacht hatte, wahrscheinlich alle Probleme behoben hatte, die ich vielleicht hatte.

Zu Beginn unseres Gesprächs erwähnte Dr. Licata die drei Fenster, durch die ein Mediziner den Menschen betrachtet. Das eine ist das biochemische Fenster, das andere ist das Fenster der geistigen Gesundheit und das letzte ist das körperliche Fenster. Wenn in einem dieser Bereiche ein Ungleichgewicht besteht, sollten wir zuerst die Hauptprobleme und dann die kleineren verbessern. In der falschen Reihenfolge sind manche Behandlungen nicht so wirksam.

Glücklicherweise hatte ich mich bereits mit zwei dieser Bereiche befasst. Dr. Alison Gordon hatte meine Biochemie auf den gewünschten Stand gebracht, und die Beratung in Kombination mit Yoga, Meditation und Ähnlichem half bei der psychischen Gesundheit. Das NUCCA behandelte die Hardwareseite des physischen Fensters, und nun würde das Neurofeedback die Softwarekomponente sein.

Es schien, dass mein Gehirn für Neurofeedback bereit war, aber wir mussten noch herausfinden, ob es die beste Methode wäre, um meine Ziele zu erreichen. Mein vorrangiges Ziel war die Verbesserung meiner exekutiven Funktionen, um meine emotionale Kontrolle und Selbstregulierung besser in den Griff zu bekommen. An zweiter Stelle standen meine Aufmerksamkeit und mein Fokus. An dritter Stelle stand meine Stimmung. Insgesamt musste ich besser auf Stress reagieren und eine stärkere Impulskontrolle entwickeln. Dazu gehörte auch, dass ich mit dem Cannabiskonsum aufhören konnte.

Dr. Licata sagte, dass Neurofeedback mir helfen sollte, alle Ziele zu erreichen, auch wenn es einige Zeit dauern würde. Er rief die Ergebnisse meines Integrierten Visuellen und Auditiven Tests (IVA-2) auf, der die Fähigkeit des Gehirns misst, aufmerksam zu sein und Impulsen zu widerstehen. (Bild am Ende des Buches Tests und Scans) Die Ergebnisse waren ernüchternd. Trotz meiner Fähigkeit, bei Denkspielen und ähnlichem gut abzuschneiden, stufte mich der IVA-2-Test als ADHS und ADS ein, und meine Werte im Hörvermögen waren fast halb so hoch wie die eines normalen Mannes meines Alters.

Ich war mein ganzes Leben lang wettbewerbsorientiert und habe es nie gemocht, in irgendeinem Bereich unterdurchschnittlich zu sein, schon gar nicht, wenn es um mein Gehirn ging. Ich hätte nie vermutet, dass ich ADS- oder ADHS-Symptome haben könnte, aber der Beweis lag direkt vor mir.

Es war in gewisser Weise beruhigend zu erfahren, dass ich, auch wenn ich jemanden anschaue und versuche, dem Gespräch zu folgen, mit großer Wahrscheinlichkeit nicht viel von dem, was gesagt wurde, behalten würde. Das erklärte eine Menge, und ich freute mich, meiner Frau sagen zu können, dass es nicht daran lag, dass ich sie langweilig fand oder dass ich mir nichts merken wollte. Wenn ich etwas lernen wollte, würde ich es viel besser visuell tun.

Aber noch beängstigender als die IVA-2-Ergebnisse war das vorherrschende dunkle Blau meiner qEEG-Bilder (quantitative Elektroenzephalografie) des Frontallappens, die auf stark unterfunktionierende Bereiche meines Gehirns hinwiesen. Dies beeinträchtigte nicht nur meine exekutiven Funktionen, sondern auch meine höheren Gehirnzentren, die meine unteren emotionalen Zentren nicht mehr regulieren konnten. Außerdem konnten wir sehen, wie mein Gehirn versuchte, sich an den chronisch schlechten Schlaf anzupassen, der wahrscheinlich ebenfalls durch meine früheren Gehirnerschütterungen verursacht wurde. (Bilder am Ende des Buches Tests und Scans)

Die Verbesserung meines Schlafs hatte laut Dr. Licata oberste Priorität. Schlaf ist sehr wirkungsvoll, und wir brauchen sowohl

Quantität als auch Qualität, damit das glymphatische System die Abfälle des Tages loswerden kann. Der Tiefschlaf ist auch für die Ausschüttung von Wachstumshormonen verantwortlich, die die Bildung neuer Muskeln fördern. Und wie Dr. Licata feststellte, litt ich "seit sehr, sehr, sehr langer Zeit unter chronischem Schlafmangel". Durch die Verbesserung meines Schlafs würden viele schlummernde Fähigkeiten wieder aktiviert werden.

Der zweite Teil, auf den sich Dr. Licata konzentrieren wollte, sind meine exekutiven Funktionen. Indem ich meine Gehirnströme wieder in einen normalen Bereich bringe, würde ich langsam die Kontrolle über meine Emotionen zurückgewinnen. Wir würden mit 40 Sitzungen beginnen, in denen wir zunächst an den Grundlagen arbeiten, langsam Verbindungen herstellen und dann verschiedene Bereiche anvisieren, bevor wir sie verstärken. Im Idealfall würde ich dreimal pro Woche zur Behandlung gehen.

Dr. Licata warnte mich, dass das Neurofeedback meine Toleranz gegenüber Cannabis nahezu auslöschen würde. Ich war ein wenig skeptisch, sagte aber, dass ich damit einverstanden sei. Wir sprachen ein wenig über Cannabis und eine der Gefahren, die ich nie bedacht hatte. Eine kürzlich durchgeführte Studie der Amen Clinics zeigte, dass Cannabis die Durchblutung bestimmter Teile des Gehirns verringert, und dass diejenigen, die es regelmäßig konsumieren, eine insgesamt verringerte Hirndurchblutung aufweisen.* Das war eine Untersuchung wert, aber ich bezweifelte, dass es ausreichen würde, um mich vom Konsum abzuhalten.

Nachdem ich diese Ergebnisse gesehen hatte, spielten die Kosten für das Programm keine Rolle mehr. Wenn ich meine eingeschränkte Gehirnfunktion verbessern konnte, war ich meiner Familie gegenüber verpflichtet, es zu versuchen. Als ich zu meinem Auto kam, rief ich Jen an, um ihr die Neuigkeiten mitzuteilen.

Ich hatte vorgehabt, ihr die gute Nachricht zu überbringen, dass sich meine Hirnfunktion verbessern würde, aber die Erkenntnis, dass ich immer noch einen erheblichen Hirnschaden hatte, hatte mich in eine ziemlich dunkle Lage gebracht. Anstatt ihr zu sagen, dass mein

Frontallappen stark unterfunktionierend war, erschreckte ich sie, indem ich sagte: "Mein Frontallappen ist fast weg." Das ist nicht dasselbe, aber in meinen Gedanken könnte es genauso gut sein.

Die Heimfahrt war deprimierend und erinnerte mich daran, dass es einen großen Unterschied zwischen Akzeptanz und Friedfertigkeit gibt. Ich muss hoffen, dass das Neurofeedback ausreicht, um meinen Kurs in Richtung Selbstzerstörung zu ändern.

Kapitel Acht

Nächste Woche ist Thanksgiving, ganze 4 Monate nach Michael Poormans Lebensfeier. Obwohl seine Prognose im März vorhersagte, dass er die Feier nicht mehr erleben würde, war Michael in bester Laune, hörte sich die Geschichten von Freunden und Familie an und erzählte auch einige seiner eigenen.

Es dauerte nicht lange, bis man erkannte, welchen Einfluss Michael auf so viele Leben gehabt hatte. Ein Freund nach dem anderen erzählte, was für ein unglaublicher Mensch Michael war, und betonte seine Loyalität und seine Bereitschaft, alles zu tun, um zu helfen. Als die sechste Person erwähnte, Michael sei der Typ, den man anrufen würde, wenn man eine Leiche verstecken müsste, begann ich mir allerdings ein wenig Sorgen zu machen.

Ich verfolgte Michael auf Facebook und wartete auf schlechte Nachrichten, aber stattdessen sah ich erweiterte Prognosen. Anstatt zu Hause herumzusitzen und das Ende zu erwarten, reiste Michael mit seiner Immunfiltermaske durch das Land und arbeitete eine beeindruckende Liste ab, schätzte seine Familie und gab die Lektionen weiter, die er aus dieser Erfahrung gelernt hatte.

Ich hatte nicht damit gerechnet, noch einmal die Gelegenheit zu haben, mich von ihm zu verabschieden, aber ich stehe kurz davor, in ein Flugzeug nach Phoenix zu steigen, um ein paar Tage mit ihm und einigen anderen Teamkollegen von der Brown zu verbringen, die ich seit 25 Jahren nicht mehr gesehen habe. Michael weiß, dass er nicht mehr lange zu leben hat, und ich fühle mich geehrt, dass er diese wertvolle Zeit mit uns verbringen möchte.

Einer unserer Mannschaftskameraden, der zum Treffen in Oregon gekommen ist, aber diese Reise nicht antreten kann, ist Matte Zovich. Die Feier war ein sehr emotionales Ereignis, und es war schön, Matte dort zu haben, um sich mit ihm auszutauschen. Matte ist ein sanfter Riese, einer der aufrichtigsten Menschen, die ich kenne. Es war das erste

Mal, dass meine Frau ihn getroffen hat, und sie haben sich sofort gut verstanden.

Als ich ihn nach seinem Eindruck von mir an der Brown fragte, weiteten sich seine Augen, und er fragte, ob ich sicher sei, dass Jen das hören solle.

Ich sagte, es sei in Ordnung. Jen kannte genug von meinen Geschichten, um zu erkennen, wie verkorkst ich gewesen war.

An der Brown wohnte Matte direkt gegenüber von mir und musste es ertragen, dass ich den ganzen Tag Heavy Metal dröhnte und entweder zusammenhanglos high oder stolpernd betrunken war, sehr selten nüchtern. Er war derjenige, an den ich mich wandte, als ich meinen Spiegel zertrümmerte und eine riesige Glasscherbe zwischen meinen Fingerknöcheln hatte. Er half mir, das Blut wegzuwischen, und sorgte dafür, dass ich zum Nähen in die Studentenklinik ging.

Er könnte auch derjenige gewesen sein, der mich dazu gezwungen hat, in der darauffolgenden Woche zur Nachuntersuchung zu gehen, weil meine Hand bis zum Handgelenk geschwollen war und sich heiß anfühlte. Ich bin mir aber nicht sicher. Wie ich schon sagte, ist das meiste nur noch verschwommen.

Matte erinnerte mich an andere Dinge, die ich aus Scham verdrängt hatte, wie zum Beispielzum Beispiel die Verwendung einer Rasierklinge, um meine Tattoos vor Footballspielen zu umranden, das Messer im Rambo-Stil, das auf meinem Nachttisch lag, die 9-mm im Schrank, das Motorradfahren ohne Helm. Nicht gerade der durchschnittliche Ivy Leaguer.

Während die meisten meiner Freunde studierten oder an die Wall Street gingen, wollte ich Polizist werden oder zum Militär gehen, etwas Aufregendes und Riskantes. Ich war an einem dunklen Ort mit einem Todeswunsch und sehnte mich nach Gewalt.

Das Gespräch mit Matte half mir zu erkennen, dass ich diese zerstörerische Rücksichtslosigkeit überlebt hatte und es geschafft hatte, die Wut an die Leine zu legen. Als ich wieder zu Hause war, holte ich meine Kiste mit Erinnerungsstücken heraus und suchte nach Hinweisen in meiner Vergangenheit, nach Anzeichen früher Gewalt.

Es dauerte nicht lange, bis ich auf drei Notizbücher stieß, eines für jedes der drei Jahre, in denen ich die Vorschule besuchte. Meine Mutter hat in ihrer tadellosen Schrift ausführliche Notizen gemacht, die zu den Anforderungen des Programms gehörten. Hier ist die Zusammenfassung:

Im Alter von 2 Jahren: Mark wirft mit Spielzeug nach seinen Geschwistern, spricht langsam, liebt Puzzles, singt nicht mit anderen, keine Gruppenaktivitäten.

Im Alter von 3 Jahren: Schüchtern gegenüber anderen Kindern. Hänselt gerne seinen älteren Bruder und ringt mit ihm, spielt Cowboy und Indianer, ist sehr anhänglich. Unsicher und zurückgezogen. Ständig Streit mit seinem Bruder.

Im Alter von 4 Jahren: Störrisch. Hört erst auf, wenn man ihn dazu zwingt. Schmollt, wenn er seinen Willen nicht bekommt. Ständig Streit mit Geschwistern.

In der Grundschule war ich ein Spitzenschüler und hielt mich bis auf ein paar Schlägereien aus Ärger heraus. In der Junior High täuschte ich den meisten Erwachsenen vor, dass ich wegen meiner Noten und meiner ruhigen Art ein gutes Kind war, aber ich rebellierte auf die falsche Art und Weise und wurde ein Vandale, Lügner und Dieb.

In der Highschool eskalierte mein Selbsthass, und ich begann, mich selbst zu ritzen, nie genug, um Schaden anzurichten, sondern vor allem, um Aufmerksamkeit zu bekommen und den Schmerz zu spüren. Als Studienanfänger fing ich an, viel zu trinken, und im folgenden Jahr fing ich an, Cannabis zu kiffen. Ich hatte es satt, mir die Hände zu verletzen, indem ich Löcher in die Wände schlug, und stellte einen Boxsack aus Segeltuch in den Kraftraum in meiner Garage. Nach jeder Trainingseinheit beendete ich das Training mit mindestens 10 Minuten am Sandsack, wobei ich mich weigerte, Handschuhe zu tragen, sodass ich mir die Knöchel aufschürfte und den Sandsack mit Blut überzog, in der Hoffnung, ihn eines Tages komplett mit braun-roter Farbe zu bedecken. Irgendwie traurig, dass das das Ausmaß meiner Ambitionen war.

Die verrückten Tage auf dem College führten zu noch verrückteren Tagen danach, und mich ins MMA zu stürzen, war wahrscheinlich das Einzige, was mich einigermaßen stabil hielt. Aber selbst wenn ich diese sehr aggressive Seite hatte, war ich der Friedenswächter, wenn es um die Arbeit ging. In all den Jahren, in denen ich als Türsteher und Bodyguard gearbeitet habe, habe ich nie jemanden misshandelt oder ausgenutzt, sondern immer versucht, Kämpfe zu vermeiden oder friedlich zu beenden. Ich war auch ein einfühlsamer Gefängniswärter und Bewährungshelfer, aber das mag daran gelegen haben, dass mir klar war, dass ich leicht auf der anderen Seite der Gitterstäbe hätte stehen können, wenn ich jemals für meine Vergehen verhaftet worden wäre.

Schlechte Entscheidungen haben mich zu zwei kurzen Gefängnisaufenthalten geführt. Einmal in meinen Zwanzigern wegen Fahrens unter Alkoholeinfluss und das zweite Mal vor 10 Jahren wegen des Anbaus von Cannabis.

In dem Wunsch, besser zu verstehen, warum ich mich zu einem so wütenden jungen Mann entwickelt hatte, vertiefte ich mich in *Die Anatomie der Gewalt* von Adrian Rayne. Das Buch ist zwar faszinierend, aber es beschreibt so viele mögliche Ursachen für gewalttätiges Verhalten, dass mir klar wurde, dass ich nie erfahren würde, was zu meiner Veranlagung beigetragen hat. Glücklicherweise waren die Ursachen nicht wirklich wichtig. Es kam nur darauf an, was ich mit dieser Erkenntnis tat.

Alles, was ich gelesen habe, beschreibt den Zusammenhang zwischen traumatischen Hirnverletzungen und kognitiven und Verhaltensproblemen, die auch zu aggressivem Verhalten, Gewalt und einem Mangel an Einsicht und Urteilsvermögen führen können. Ich möchte nicht, dass irgendjemand denkt, ich würde sagen, dass ich durch eine Schädel-Hirn-Verletzung gewalttätiger geworden bin oder dass Menschen mit einer Schädel-Hirn-Verletzung die gleichen Probleme mit Aggression, Wut, Selbsthass oder impulsiven Entscheidungen haben wie ich. Aber wenn ich nichts anderes vermitteln kann, dann, dass wir uns selbst gegenüber ehrlich sein müssen. Wie stehe ich zu den Symptomen?

Die meisten Menschen haben wahrscheinlich eine ganz andere Meinung von mir, weil ich, wie die meisten, meine hässliche Seite verborgen gehalten habe. Sie kennen die unterdrückten Gedanken und verleugneten Gefühle nicht. Aber Michael Poorman verstand mich perfekt.

Nach seiner Party scherzten wir über Namen für dieses Buch. Michael traf den Nagel auf den Kopf, als er vorschlug: *Ich bin verkorkster, als du denkst.*

# # #

Der Flug von LAX nach Phoenix dauert nur eine Stunde, keine Zeit, um wirklich zu arbeiten. Ich überlegte, ob ich an einer Kurzgeschichte arbeiten sollte, zu welcher mich diese Reise inspiriert hatte und in der es um vier ehemalige Footballspieler mit Hirnschäden geht, die in die Wüste fahren, um zu schießen, aber ich wollte mich nicht noch mehr aufregen, als ich es ohnehin schon tat. Stattdessen holte ich *Kopfspiele* von Dr. Christopher Nowinski hervor. Ich hatte das Buch entdeckt, als ich mich über die Concussion Legacy Foundation (CLF) informierte. Chris Nowinski ist Mitbegründer und Geschäftsführer der gemeinnützigen Organisation, die sich für die Lösung der Gehirnerschütterungskrise einsetzt.

Nachdem er das Buch im Jahr 2006 geschrieben hatte, war Chris Mitbegründer des Sports Legacy Institute (SLI), das später in CLF umbenannt wurde. Er wurde auch zu einer der einflussreichsten Stimmen, die sich für die Aufklärung über Gehirnerschütterungen einsetzten, und trug entscheidend dazu bei, dass die NFL zugab, dass sie ein sehr ernstes Gehirnerschütterungsproblem hat.

Obwohl Chris ein paar Jahre jünger als ich und ein viel besserer Footballspieler ist, hatten wir einen ähnlichen Werdegang. Unsere Eltern ließen uns bis zur High School warten, um Football zu spielen, weil sie sich Sorgen über Verletzungen machten. Wir haben beide in der Ivy League Defensive Line gespielt, ich an der Brown und Chris an der Harvard, und wir haben beide einen Abschluss in Soziologie gemacht. Während ich mich dem MMA und dem Boxen zuwandte, um mein

Gehirn weiter zu strapazieren, wurde Chris ein Superstar der World Wrestling Entertainment (WWE) und erlitt schwere Gehirnerschütterungen, die ihn zu einem vorzeitigen Rücktritt zwangen.

Während er sich über Gehirnerschütterungen informierte, um sich von seinen eigenen zu erholen, stellte Chris fest, dass er sich beim Footballspielen unzählige Gehirnerschütterungen zugezogen hatte. Wie ich und die meisten Spieler betrachtete Chris sie als einfache Beulen oder Glockenschläge. Kopfschmerzen, Verwirrung, Schwindel, Doppeltsehen, Ohrensausen. Das waren alles Dinge, mit denen man fertig werden musste. Es war Teil des Spiels. Schüttel es ab und beweg deinen Arsch wieder rein. Kein echter Mann würde ein Spiel unterbrechen, weil ihm der Kopf schmerzt.

Dr. Robert Cantu, der damals Chefarzt der Neurochirurgie am Emerson Hospital in Massachusetts war, half Chris zu verstehen, was eine Gehirnerschütterung bedeutete. Eine Gehirnerschütterung ist keine körperliche Verletzung, sondern ein durch ein Trauma ausgelöster Verlust der Gehirnfunktion. Die Verletzung löst chemische und metabolische Veränderungen aus, die zusammen als neurometabolische Kaskade der Verwirrung bezeichnet werden.

Diese Veränderungen im Gehirn führen zu einem erhöhten Energiebedarf und gleichzeitig zu einer reduzierten Fähigkeit, die benötigte Energie zu erzeugen. Dadurch wird das Gehirn bis zu einem gewissen Grad lahmgelegt, was eine Reihe von Problemen verursachen kann. Die Dauer und Schwere der Symptome hängt von Faktoren wie dem Gesundheitszustand des Gehirns, früheren Gehirnerschütterungen und der Zeitspanne seit der letzten Gehirnerschütterung ab. Zu den häufigsten Symptomen gehören Kopfschmerzen, Schwindel, verschwommenes Sehen, Desorientierung, Verwirrung, Gleichgewichtsstörungen, Übelkeit, anterograde Amnesie, Nackenschmerzen, Fotophobie, Schläfrigkeit, Müdigkeit, Bewusstseinsverlust, retrograde Amnesie und Reizbarkeit.

Die Lektüre über Gehirnerschütterungen war beängstigend, aber all die Geschichten, die Chris über High-School- und College-Football-Spieler erzählte, die in den Tagen und Wochen nach einer

Gehirnerschütterung ihr Leben ruiniert oder verloren haben, waren erschütternd. Am schlimmsten war das Second Impact Syndrome (SIS), bei dem eine Person eine weitere Gehirnerschütterung erleidet, bevor die letzte abgeklungen ist. Das SIS ist zwar selten, verläuft aber meist tödlich.

SIS scheint Teenager mehr zu betreffen als Erwachsene, aber Eltern, die ihre Kinder für Kontaktsportarten wie Football anmelden, haben im Allgemeinen keine Ahnung von dieser Gefahr. Wie Chris in seinem Buch darlegt, ist die Unkenntnis der Eltern über die Gefahren zu einem großen Teil darauf zurückzuführen, dass die NFL keine Verantwortung für den Schaden übernimmt, den sie nicht nur ihren eigenen Spielern, sondern auch den Kindern zufügt, die sie zum Spielen ermutigt. Die NFL hat Millionen in Jugendprogramme gesteckt und gleichzeitig die Gefahr von Gehirnerschütterungen geleugnet; in der Zwischenzeit brachten sich Kinder um, weil ihre Gehirne zerstört waren.

Das Buch ist voller großartiger Punkte, aber einer, der mich wirklich beeindruckt hat, betrifft die informierte Zustimmung. Wir wissen heute, dass Football und andere Kontaktsportarten das Gehirn eines Erwachsenen schädigen können. Das Gehirn eines Teenagers ist sogar noch anfälliger, und der Schaden wird bei ihnen vergrößert, nicht verkleinert.

Kinder können vor ihrem 18. Lebensjahr keine informierte Zustimmung geben. Sie dürfen nicht wählen, keinen Alkohol trinken, nicht zum Militär gehen und keine Verträge unterschreiben. Warum also dürfen sie an einem Sport teilnehmen, der sie dauerhaft schädigen oder sogar ihr Leben kosten kann?

Ich war so dumm zu glauben, dass meine Handlungen keine Konsequenzen haben würden. Den gleichen Fehler möchte ich bei meinen Kindern nicht machen.

# # #

Michael Poorman wohnt nicht weit vom Flughafen entfernt und hat mir gesagt, dass ich kein Auto brauche, also werfe ich mein zweites Cannabis-Kaubonbon des Tages ein und nehme mir ein Uber.

Mein Cannabiskonsum hat sich, wie von Dr. Licata vorhergesagt, verringert, und ich hatte den Punkt erreicht, an dem ich mehrere Tage am Stück pausieren konnte. Ich konsumiere immer noch regelmäßig Cannabis, nur nicht mehr so viel und beginne meist später am Tag damit.

Der heutige frühe Konsum ist zum Teil darauf zurückzuführen, dass ich im Urlaub bin, aber vor allem auf meine Nerven. Nicht zu wissen, was man in der Nähe einer sterbenden Person tun oder sagen soll, ist für viele Menschen ein Problem, und obendrein habe ich Angst vor dem Wiedersehen mit meinen Mannschaftskameraden.

Ich habe mir die Namen der Jungs gemerkt, die zu uns stoßen werden, aber ein unangenehmes Erlebnis auf einer Party im Haus meines Freundes Dan hat mich erschüttert. Ich war auf der Party nüchtern und habe mich trotzdem dreimal Leuten vorgestellt, die ich schon seit Jahren kenne. Ihr nervöses Lachen und ihre verletzten Gefühle waren mir noch frisch in Erinnerung.

Anstatt Michael bei sich zu Hause zu treffen, lotst er meinen Uber-Fahrer zu einem indischen Restaurant, wo Michael und zwei unserer Freunde gerade zu Ende essen. Ich freue mich, dass ich Tony Quarnaccio, der in Florida lebt, und Jeff Moore aus Virginia sofort erkenne. Sie waren beide ein Jahr nach mir an der Brown und spielten in der Verteidigung; Tony als Tackle und Jeff als Safety.

Als ich Michael die Hand schütteln will, bittet er mich, mir erst die Hände zu waschen. Er geht nicht ins Detail, sagt aber, dass er gerade eine schlechte Nachricht vom Arzt bekommen hat und besonders vorsichtig sein muss.

Nachdem wir uns mit allen unterhalten haben, fahren wir zu Michael, wo uns seine Frau Sara begrüßt und mir das Gästezimmer zeigt, in dem ich schlafen werde. Als Michael sich entschuldigt, um sich umzuziehen, setzt sich Sara mit uns dreien nach draußen, um uns über Michaels Situation zu informieren.

Bei Michaels letzten Bluttests war alles erstaunlich gut gelaufen, aber heute Morgen erhielt Sara einen beunruhigenden Anruf. Michaels Werte waren deutlich gesunken, und wenn es nach Sara oder dem Arzt ginge, würde Michael in einer Blase leben, da sein Immunsystem zu schwach sei, um die kleinste Infektion abzuwehren.

Wir sagen alle, dass wir froh sind, das Klassentreffen in ihrem Haus abzuhalten oder es ganz absagen können, aber Sara schüttelt den Kopf. "Nein", sagt sie. "Das ist es, was Michael will. Wenn er stirbt, während er mit euch unterwegs ist, würde er glücklich sterben."

Sara geht die Vorsichtsmaßnahmen durch, die wir treffen können, und die Dinge, auf die wir achten sollten. Wir sind alle erstaunt, was für eine starke und liebevolle Partnerin sie ist.

Ein paar Stunden später fahren wir vier zum Top Golf, um uns mit Alvin Huff zu treffen, einem weiteren Freund von der Brown. Mein altes Ich hätte sich geweigert, mitzufahren, weil ich noch nie in meinem Leben Golf gespielt habe, aber ich bin froh, hier zu sein, und es ist mir egal, dass ich der schlechteste Golfer bin. Bei ein paar Runden Drinks und Golf höre ich mir Geschichten von der Brown an, von denen mir keine bekannt vorkommt, obwohl ich bei den meisten dabei war. Jeff erzählt mir sogar von einer, in der ich auf meinem Bett saß und meine Waffe im Mund hatte. Ich erinnere mich, dass ich das oft gemacht habe, aber nie in Gegenwart von jemandem. Es ist ein wenig beunruhigend, dass all diese Erinnerungen aus meinem Gedächtnis gelöscht wurden und alle vier anderen Jungs sich daran erinnern können, aber es ist es nicht wert, sich darüber Gedanken zu machen.

Als wir es zurück zu Michaels Haus schaffen, sind wir beide bereit, uns schlafen zu legen. Wir werden morgen früh zum Schießen aufbrechen.

Unser guter Freund Tom Hurst taucht früh mit einem Lastwagen voller Waffen auf, um Michaels Arsenal zu ergänzen. Tom hatte auch Defensive Line gespielt und an der Brown angefangen, als ich es tat. Er zeigt mir ein Foto, das ich völlig vergessen hatte, das er 25 Jahre zuvor in der Wüste von Arizona geschossen hatte, als ich ein paar Tage mit ihm auf meinem Motorrad durch das Land fuhr.

Alvin und ich steigen in Toms Truck ein, während Tony und Michaels Sohn Mateo ein anderes Fahrzeug nehmen. Wir amüsieren uns prächtig dabei, die Munition durchzublasen, Ziele und Tontauben wegzupusten, ohne dass jemand einen CTE-Moment hat und die Waffe auf den Rest von uns richtet, wie es in der Kurzgeschichte passiert, an der ich gerade arbeite.

Normalerweise würde ich die Gelegenheit nutzen, um zu fotografieren, aber ich lehne mich gerne zurück und beobachte. Es ist ein schöner Tag und das Wetter ist perfekt. Am besten gefallen mir die Momente, in denen Michael Mateo coacht, die liebevolle und starke Unterstützung für einen Jungen, der weiß, dass er seinen Vater verliert. Es schmerzt zu denken, dass dies wahrscheinlich das letzte Mal sein wird, dass sie diese Art von Erfahrung machen.

Zurück in Michaels Haus, setze ich mich zu allen, während Michael in der Küche hilft. Sowohl Tom als auch Jeff haben meine Beiträge über Hirntraumata auf Facebook verfolgt und sich Gedanken über ihre eigene Gehirngesundheit gemacht. Alvin hat noch nie etwas davon gehört, ist aber auch etwas besorgt, als ich anfange zu erklären.

Ich erkläre ihm, was Gehirnerschütterungen sind, was sie anrichten können und welche Symptome auftreten können. Mein altes Ich wäre voller Schwarzmalerei, aber ich bin begeistert, wenn ich ihnen von den Behandlungsmöglichkeiten erzähle. Das Neurofeedback in Kombination mit der NUCCA-Therapie und der Hormonbehandlung haben mich zweifellos völlig verändert. Ich nehme die Ergebnisse meiner letzten Gehirnkartierung hervor und zeige ihnen die riesigen Sprünge, die ich gemacht habe, wie mein Frontallappen jetzt viel besser funktioniert. Jetzt sind meine IVA-2-Werte höher als normal und ich werde nicht mehr auf ADHS oder ADS getestet. Und diese Ergebnisse werden sich nur noch verbessern, denn ich habe bereits mit der zweiten Serie von 40 Sitzungen begonnen.

Die Behandlungen haben mich in eine Lage versetzt, in der ich nicht mehr so negativ auf Stress reagiere und meine Impulse viel besser kontrollieren kann. Meine Freunde sind alle interessiert, aber vielleicht ein bisschen fatalistisch. Sara belauscht einen Teil des Gesprächs und sagt, dass sie es ihren Familien schuldig sind, sich um ihre Gehirne zu kümmern, wenn sie sich überhaupt Sorgen machen.

Etwas später essen wir ein fantastisches Essen, das Michael und Sara zusammengestellt haben, und gehen dann in den Whirlpool. Michael kann aus gesundheitlichen Gründen nicht einsteigen, aber er sitzt direkt neben Sara. Ich muss früh aufhören, weil ich den Fehler gemacht habe, eine große Dosis Cannabis zu nehmen, die Michael für mich aufbewahrt hatte. Michael spürt, dass ich mich nicht gut fühle, und sagt mir, ich solle mich aufs Bett legen, während er Boris, ihren großartigen emotionalen Unterstützungshund, zu mir bringt. Ich kuschle mit Boris und schlafe ein, dankbar für die Freunde, die ich wiedergefunden habe, und für die Lektion, die Michael und seine Familie mir erteilt haben: wie man sein Leben mit Mut, Liebe, Freundschaft und Positivität lebt, während man dem Tod ins Auge blickt.

Kapitel Neun

Michael Poorman ist vor 6 Wochen verstorben. Er war von Liebe umgeben: seine Frau, seine Kinder und Boris an seiner Seite. Sie spielten seine Lieblingsmusik und sangen ihn in den ewigen Schlaf.

Und hier bin ich, so glücklich und gesund wie schon lange nicht mehr. Ich habe eine Menge Schuldgefühle, aber Sara und Michael machten mir deutlich, wie sehr sie sich um meine Zukunft sorgten. Sie wollten, dass ich in mir selbst heile, was ich kann, und auch, dass ich eine Botschaft der Hoffnung und der Anpassung vermittle.

Obwohl ich nie behaupten werde, dass ich mein Gehirn repariert habe, habe ich auf jeden Fall meine Funktion wiedererlangt. Selbst wenn ich keine Gehirnkarten und Tests hätte, um meine Behauptungen zu untermauern, wüsste ich doch, dass sich die Dinge zum Besseren gewendet haben.

Vor acht Monaten schrieb ich den Prolog zu diesem Buch, nachdem ich eine schwere Depression erlitten hatte, die hauptsächlich durch die Teilnahme an einer Jiu-Jitsu-Veranstaltung ausgelöst wurde. Gestern Abend gingen meine Frau und ich zu einem Wettkampf unserer Freunde bei Submissions on the Shore, ohne zu wissen, wie ich reagieren würde. Obwohl ich wieder einmal verletzt war und nicht trainieren konnte, freute ich mich für meine Teamkollegen, die es konnten. Anstatt zu weinen und mich vor anderen zu verstecken, ging ich auf Leute zu und erzählte Geschichten. Trotz der stundenlangen Wartezeit auf den Einlass, des Lärms und der großen Menschenmenge war der Abend eine außerordentlich positive Erfahrung.

Meine Einstellung zum Leben hat sich drastisch verbessert. Der letzte Eintrag in mein tägliches Hirnjournal ist 3 Monate her, was darauf hindeutet, dass ich mich so gut gefühlt habe, dass es nichts Interessantes darüber zu schreiben gab.

Zusätzlich zu der positiven Stimmung war ich unglaublich produktiv und kreativ und habe bereits *Untold Mayhem* und *Try Not to Die: In Brightside* veröffentlicht, zwei weitere Bücher sollen im Herbst erscheinen. Ich habe ein gutes Gleichgewicht zwischen meiner Familie und meiner Arbeit gefunden, und ich reagiere nicht mehr so defensiv und negativ auf Stress.

Die Meinung über sich selbst ist in der Regel sehr voreingenommen, und ich bin bekannt dafür, dass ich übertreibe. Im Folgenden finden Sie die Ergebnisse des IVA-2-Tests, welche den Klinikern helfen, sowohl die visuelle als auch die auditive Aufmerksamkeit und die Reaktionskontrolle beurteilen können. Diese Tests wurden vor Beginn meiner Neurofeedback-Sitzungen (6. August 2019), nach 20 Sitzungen (29. Oktober) und nach weiteren 20 Sitzungen (20. Dezember) durchgeführt. Am 5. Januar 2020 testete ich erneut, als ich nüchtern war und am 6. Januar high von Cannabis, aber diese Ergebnisse hebe ich mir für ein anderes Kapitel auf. (Bilder am Ende des Buches Tests und Scans)

Verbesserungen sind in allen Bereichen zu erkennen, aber ich schaue mir gerne die Quotienten für anhaltende visuelle und auditive Aufmerksamkeit an, welche die Fähigkeit einer Person messen, auf Reize genau, schnell und zuverlässig zu reagieren.

Vor dem Neurofeedback: Auditiv - 77, Visuell - 105

20 Neurofeedback-Sitzungen: Auditiv - 121, - Visuell - 108

40 Neurofeedback-Sitzungen: Auditiv - 122, Visuell - 112

Mein auditiver Wert stieg um 63 % und übertraf meinen visuellen. Es ist auch schön zu sehen, dass ich von einem positiven Test für ADS und ADHS zu einem negativen Test gekommen bin.

Die qEEG-Bilder sind etwas schwieriger zu lesen, aber ich habe die wichtigsten am Ende des Buches zusammen mit anderen Testergebnissen aufgeführt. Das dunkle Blau zeigt stark unterfunktionale Bereiche an. Hellgrün sind normal funktionierende Bereiche. Rot sind überfunktionale Bereiche.

Mein Frontallappen und die linke Seite meines Gehirns waren alle dunkelblau und stark unterfunktioniert. Nach zwanzig Sitzungen war ein Teil der Dunkelheit zu einem hellen Blau verblasst. Die zweite Reihe von Sitzungen dämpfte die Dunkelheit noch mehr, und ein wenig Grün keimte auf.

Ich war begeistert von den Verbesserungen, aber all das verbleibende Licht und das dunkle Blau haben mich überzeugt, mich für weitere 40 Sitzungen anzumelden. Nächste Woche werde ich erneut getestet und kartiert, wenn ich die Hälfte der Zeit erreicht habe, zusammen mit meiner Frau und meiner Tochter, die ebenfalls Neurofeedback-Sitzungen machen.

Es ist auch wichtig zu erwähnen, dass diese Verbesserungen aus der Kombination von Neurofeedback und den NUCCA-Behandlungen resultieren und dass die Fortschritte wahrscheinlich nicht so groß gewesen wären, wenn ich nicht bereits meine Hormone reguliert, eine Verhaltenstherapie gemacht und alle Gehirnaktivitäten nebenbei betrieben hätte.

# # #

Die Verbesserung meines Schlafs, welche für Dr. Licata oberste Priorität hatte, ist wahrscheinlich der Hauptgrund dafür, dass es mir so viel besser geht. Obwohl ich es vor dem Test bei Vital nicht wusste, litt ich lange Zeit unter chronischem Schlafmangel, was sich an meinen hohen Deltawellen zeigte. Indem ich diese Wellen senkte und meinen Schlaf verbesserte, konnte ich auch viele schlummernde Fähigkeiten aktivieren und die Wahrscheinlichkeit erhöhen, dass ich nicht an Demenz erkranke.

Als ich anfing, mich mit Hirnschäden zu befassen, las ich alle Nachrichten über die Bedeutung des Schlafs. Die Concussion Legacy Foundation führt Schlaf als ersten Punkt auf ihrer Seite Living with CTE an. Die Cleveland Clinic, die sich auf unzählige Artikel über traumatische Hirnverletzungen stützt, ist ebenfalls der Meinung, dass eines der wichtigsten Dinge, die Sie für Ihr Gehirn und Ihre allgemeine Gesundheit tun können, eine ausreichende Nachtruhe ist. Ein Mangel an ausreichendem Schlaf führt zu geistiger Vernebelung und Kopfschmerzen und beeinträchtigt die Selbstregulierung und die Emotionen. Ausreichend Schlaf führt zu einem gesünderen Gehirn und kann dazu beitragen, das Gehirn von den Auswirkungen von CTE und anderen Hirnstörungen zu befreien.

Ich hatte diese Warnungen gelesen, als ich dachte, mein Gehirn sei gesund und ich glaubte, keine Probleme zu haben. Ich war die meiste Zeit meines Lebens mit schlechtem Schlaf ausgekommen und dachte, wenn ich es schon so weit gebracht hatte, bräuchte ich es auch nicht zu ändern.

Mein Verständnis von Schlaf änderte sich letztes Jahr, als ich das Buch *Warum wir schlafen* von Matthew Walker, PhD, las. Das Buch hat mir Angst gemacht und mich viele Entscheidungen bereuen lassen, von denen ich mir zu 90 % sicher bin, dass sie in dem Buch erwähnt werden.

Es war im ersten Jahr meines Studiums an der California State University Long Beach, ich war wie immer pleite und verkaufte gelegentlich eine Tüte Cannabis, um mein Benzingeld aufzubessern, damit ich nicht 40 Kilometerpro Strecke mit dem Fahrrad fahren musste. Als ich zwischen den Vorlesungen am Schwarzen Brett blätterte, sah ich eine Anzeige des nahe gelegenen VA-Krankenhauses, in der Freiwillige gesucht wurden, die ihren Schlaf messen lassen wollten. Ich kann mich nicht mehr daran erinnern, wie viel Geld geboten wurde, aber es waren wahrscheinlich etwa 200 Dollar, genug für mich, um mich freiwillig zu melden.

Da es schon so lange her ist, sind die Details verschwommen, aber die Forscher wollten messen, wie sich Schlafmangel unter anderem auf Leistung, Stimmung und Gedächtnis auswirken würde. Als es an der Zeit war, im Labor einzuschlafen, wurden mir Elektroden und eine Sauerstoffmaske angelegt. Der schwierigste Teil war, dass meine Arme festgeschnallt waren. Während der ganzen Nacht wurde mir in verschiedenen Abständen die Luft abgestellt, um mich aus dem Schlaf zu reißen, und sie wollten nicht, dass ich die Maske abziehe.

Es gab kein Fenster, sodass ich nicht sehen konnte, ob sich jemand im Nebenraum aufhielt, und obwohl ich wusste, dass ich von Kameras überwacht wurde, hatte ich Angst, dass mir jemand versehentlich die Luft abstellt und nicht merkt, dass ich ersticke. Sobald ich diese Angst überwunden hatte, schlief ich ein, wachte aber jedes Mal nach Luft schnappend auf, wenn ich kurz vor der REM-Phase stand.

Die extrem langweiligen, sich wiederholenden Tests, die ich nach dem Aufwachen am Morgen durchführen musste, waren sehr irritierend, und meine Laune sank schnell. Am dritten Morgen war ich so gereizt, dass ich einen der Mitarbeiter sogar als fetten Arsch beschimpfte, was ich in einem normalen Geisteszustand niemals tun würde.

Nach Abschluss dieser Studie erwähnten die Forscher eine weitere Studie, von der sie annahmen, dass ich dumm genug wäre, sie durchzuführen. Für diese Studie schickten sie mich mit Pillen nach Hause, die mich über das Wochenende wach halten sollten. Ich erinnere mich nur noch daran, dass ich eines Abends, als ich bei einem Freund in Hollywood war, beschloss, bis zum Sonnenaufgang den Sunset Strip auf und ab zu laufen, weil ich von den Speed-ähnlichen Stimulanzien aufgedreht war. Das Beängstigende an diesem Experiment ist, dass ich davon ausgehe, dass ich unter Drogeneinfluss und ohne Schlaf ein Fahrzeug gelenkt habe - eine unglaublich gefährliche Kombination.

Vielleicht gab es noch ein oder zwei andere Studien, aber daran kann ich mich nicht mehr erinnern. Ich kann mich nicht mehr daran erinnern, wie ich vor der Highschool geschlafen habe, aber ich nehme an, dass meine Eltern dafür gesorgt haben, dass ich genug Schlaf bekam. Im zweiten Schuljahr ging es dann bergab, ich feierte bis 2 oder 3 Uhr morgens und kümmerte mich nicht darum, dass ich früh für die Schule oder das Footballtraining aufstehen musste. Die langen Nächte wurden in der High School immer länger.

Während meiner ersten drei Jahre am College in Kalifornien wurde es nicht besser, weil ich bis spät in die Nacht als Türsteher arbeitete und mich von Koffein ernährte, oft in Form von No-Doz. Als ich an die Brown wechselte, verfiel ich sofort wieder dem Feiern, fiel oft betrunken in Ohnmacht und wachte früh auf, um in einem nahe gelegenen Lagerhaus zu arbeiten oder am Unterricht teilzunehmen.

Nach meinem Abschluss zog ich zurück nach Kalifornien, wo ich als Bodyguard arbeitete, oft nachts, um tagsüber MMA zu trainieren und an den Wochenenden zu feiern. Es kam viel zu oft vor, dass ich auf dem Heimweg von der Schicht fast am Steuer eingeschlafen wäre.

Einige Jahre später zog ich nach Las Vegas, um als Profiboxer zu arbeiten, und schlief noch schlechter, da ich Nachtschichten in einem Gefängnis und einer Jugendbewährungseinrichtung hatte. Der Schlafmangel holte mich eines Morgens ein, als ich auf der Rückfahrt vom Gefängnis einen Selbstunfall mit dem Auto hatte, und es total zerstörte, als ich mit 100 km/h gegen den Mittelleitplanke der Autobahn prallte.

Die Geburt meiner Tochter und die Tatsache, dass ich seit 2008 Hausmann bin, haben mich nicht bremsen können. Nach einem langen Tag, an dem ich mich um Olivia kümmerte, während meine Frau arbeitete, trank ich um 9 Uhr einen Energydrink, um mich durch die nächtlichen Schreib-Sessions zu powern, nur um 4 oder 5 Stunden später wieder aufzuwachen und das Ganze zu wiederholen.

Und als ob das alles nicht schon schlimm genug wäre, ging ich in mindestens 10.000 meiner letzten 11.000 Nächte bekifft ins Bett, oft mit Koffein, das noch durch mein Gehirn floss.

Trotzdem wurde ich den tief verwurzelten Glauben nicht los, dass ich schlafen würde, wenn ich tot wäre. Mein Schlaf war viel besser als der vieler meiner Freunde, und sie schienen alle gesund zu sein.

Warum wir schlafen zeigt in hervorragender Weise auf, warum der Schlaf so wichtig ist. Ich werde nicht auf die wissenschaftliche Seite eingehen, da sie extrem langweilig sein kann, aber ich möchte Sie ermutigen, das Buch zu lesen und Ihre eigenen Nachforschungen anzustellen, um alles zu überprüfen, was Sie infrage stellen.

Hier sind einige der wichtigsten Punkte des Buches:

Jede Art von Schlafmangel, egal ob NREM- oder REM-Schlaf, führt zu einer Beeinträchtigung des Gehirns.

Jedes wichtige System, Gewebe und Organ im Körper leidet unter zu wenig Schlaf.

Alle wichtigen Krankheiten stehen in einem kausalen Zusammenhang mit Schlafmangel.

Je mehr Sie schlafen, desto länger leben Sie. Je weniger man schläft, desto früher stirbt man.

Er verbessert unsere Fähigkeit, neue Erinnerungen zu speichern und neue Dinge zu lernen.

Schlaf macht uns attraktiver und reduziert das Verlangen nach Essen.

Er verbessert unser Immunsystem und senkt unser Risiko für Herzinfarkt, Krebs und Diabetes.

Schlaf ist einer der stärksten Leistungsförderer, und viele Profisportler werden für ausreichenden Schlaf belohnt, da er ihre Leistungsfähigkeit steigert und Verletzungen verringert.

Ausreichend Schlaf macht Sie glücklicher, weniger depressiv und weniger ängstlich.

Schlafmangel wird mit Aggression, Mobbing und Verhaltensproblemen in Verbindung gebracht.

Schläfriges Fahren ist genauso gefährlich wie Fahren unter Alkoholeinfluss oder Drogeneinfluss.

Schlafmangel erhöht den Suchtmittelmissbrauch.

Vier Stunden Schlaf erhöhen die Wahrscheinlichkeit, einen Unfall zu bauen, um das 12-fache.

Schlaf kann bei den meisten psychiatrischen Störungen zur Heilung beitragen.

Er ist ein wichtiger Lebensstilfaktor, der darüber entscheidet, ob Sie eine Demenz entwickeln werden.

Wie bei CTE ist auch Alzheimer mit der Bildung von Tau und Beta-Amyloid verbunden. Diese und andere schädliche Abfallprodukte werden in den späteren Phasen des Schlafs abgebaut, sodass Schlafmangel die Anhäufung dieser toxischen Proteine nur noch verstärkt. Daraus ergibt sich ein Teufelskreis: Je mehr sich ablagert, desto stärker wird der Schlaf beeinträchtigt.

Man merkt nicht, wenn man unter Schlafmangel leidet.

All dies hat mich dazu bewogen, eine Garmin-Uhr zu kaufen, um meinen Schlaf zu überwachen. Ich benutzte sie ein oder zwei Monate lang bevor ich aufgab, weil ich es hasse, irgendeine Art von Schmuck oder Accessoire zu tragen, und weil ich das Gefühl hatte, ausreichend Schlaf zu bekommen.

Aber ich begann, die Dinge ernster zu nehmen, als Dr. Licata mich darauf hinwies, dass mein Gehirn nicht den Tiefschlaf bekam, den es brauchte, obwohl meine Schlafmenge in Ordnung schien. Ich kaufte ein WHOOP-Armband, das wie eine Garmin-Uhr funktioniert, und ließ meine Ergebnisse von Vital überwachen, um meine Neurofeedback-Sitzungen entsprechend anzupassen.

Laut WHOOP erhalte ich derzeit etwa 87 % des Schlafs, den ich brauche. Obwohl mein Schlaf besser sein könnte, bin ich mit den Ergebnissen zufrieden. Zusätzlich zu NUCCA und Neurofeedback befolgte ich auch viele der Vorschläge für besseren Schlaf, die ich in Walkers Buch und im Internet gefunden hatte. Dazu gehörten die folgenden:

- Ich nahm mir ausreichend Zeit, um genügend Schlaf zu bekommen, und hielt mich an einen Zeitplan, schlief und wachte jeden Tag etwa zur gleichen Zeit auf, auch an Wochenenden und im Urlaub.
- Erstellung einer Aufgabenliste für den nächsten Morgen, damit ich mir nachts keine Gedanken darüber mache.
- Verbesserung meiner Chancen auf guten Schlaf durch Schaffung einer guten Schlafumgebung mit bequemen Betten und Kissen und einer kühlen Temperatur.
- Ich versuche, jeden Tag Sport zu treiben, vermeide aber in den letzten Stunden vor dem Schlafengehen allzu körperliche Aktivitäten.
- Lesen, um mich zu entspannen und meinen Geist zu beruhigen.
- Koffein reduzieren, früh am Tag genießen und Nikotin und Alkohol meiden.
- Nickerchen während des Tages, aber nicht später als am Nachmittag.

• Verzicht auf elektronische Geräte vor dem Schlafengehen und Verwendung eines Blaulichtfilters.

# # #

Vor zwei Wochen wurde COVID-19 zu einer Pandemie erklärt. Letzte Woche hat Kalifornien angeordnet, zu Hause zu bleiben. Heute habe ich beschlossen, dass ich dieses Buch besser zu Ende bringe.

Ich versuche, mich nicht über die Situation aufzuregen, und konzentriere mich auf die positiven Aspekte, zum Beispiel die Zeit, die ich mit meinen Kindern verbringe und die ich sonst im Verkehr vergeudet hätte. Die sozialen Medien und die Nachrichten sind voll von Angst und Wut, also habe ich mich davon ferngehalten und mich darauf verlassen, dass meine Frau weiß, wie wir mit der Situation umgehen sollen. Ich vertraue auf ihr Urteilsvermögen und ihre Intelligenz und bin mir bewusst, dass ich wahrscheinlich in eine Verschwörungsfalle tappen oder mich über diejenigen ärgern würde, die es bereits getan haben.

Da die Dinge etwas beängstigend werden, habe ich meine Termine auf ein Minimum reduziert und bin vom Gehirntraining bei Vital auf eine Heimversion umgestiegen, die sie über Muse überwachen. Als ich letzte Woche zu meiner monatlichen NUCCA-Untersuchung kam, begrüßte mich Dr. Licata mit einem breiten Lächeln und einer Handvoll Papiere.

Er hatte meine Ergebnisse der Cambridge Brain Sciences-Tests dabei, die ich vor dem Neurofeedback und letzte Woche, etwa 7 Monate und 80 Neurofeedback-Sitzungen später, durchgeführt hatte. Der Test, der von Medizinern und Forschern verwendet wird, um genaue und quantifizierte Messungen der Kognition zu erhalten, war eine unterhaltsame Herausforderung, aber ich hatte meinen ersten Ergebnissen keine Beachtung geschenkt. Dr. Licata war sehr erfreut, mir diese Ergebnisse zu zeigen und sie mit dem zweiten Satz zu vergleichen. (Bilder am Ende des Buches Tests und Scans)

Ich sollte darauf hinweisen, dass ich den ersten Test am späten Nachmittag und den letzten Test gegen 11 Uhr vormittags gemacht habe. Vielleicht ist das der Grund für den Anstieg der Ergebnisse, aber ich vermute, dass es nicht viel ist.

Bei dem Test wurden 12 verschiedene Bereiche gemessen, wobei die Verbesserungen und Verschlechterungen in neun dieser Bereiche sehr gering waren und sich gegenseitig ausglichen. In den anderen drei Bereichen gab es deutliche Verbesserungen.

Die räumliche Spanne, die die Fähigkeit misst, sich Informationen über Objekte im Raum zu merken und das Gedächtnis auf der Grundlage sich ändernder Umstände zu aktualisieren, stieg um 7 Punkte, was mich von einer Platzierung im 67-Perzentil der Männer meines Alters auf 83 brachte.

Einen noch größeren Sprung gab es bei den Drehungen, welche die Fähigkeit messen, visuelle Darstellungen geistig zu drehen, um zu erkennen, was Objekte sind, wo sie sind und wohin sie gehören. In diesem Bereich konnte ich mich um 15 Punkte verbessern, sodass ich von einem niedrigen Wert von 59 % auf 90 % kam.

Der größte Sprung erfolgte bei der Aufgabe zur räumlichen Planung, welche die Fähigkeit misst, vorausschauend zu handeln und eine Abfolge von Schritten vorzubereiten, um ein Ziel zu erreichen. Hier gab es einen Sprung um 32 Punkte, der mich von einem Wert von 40 % auf 97 % brachte.

Obwohl es schön gewesen wäre, die Ergebnisse in allen Bereichen zu verbessern, hatte Dr. Licata von Anfang an deutlich gemacht, dass wir jeweils nur an bestimmten Bereichen des Gehirns arbeiten würden, wobei der größte Teil des Neurofeedbacks der Verbesserung des Schlafs gewidmet war. Wenn ich bestimmte Bereiche, wie Kreativität oder Arbeitsgedächtnis, verbessern wollte, würden wir diese Bereiche in späteren Sitzungen hinzufügen müssen.

Zusätzlich zu den Cambridge-Ergebnissen gingen wir auch meine neuesten Gehirnkarten durch. Dunkelblaue Bereiche sind zu Hellblau verblasst und Hellblau ist zu Grün geworden. Mein Gehirn ist bei

Weitem nicht perfekt oder unbeschädigt, aber es ist zweifellos auf dem Weg der Besserung.

Während all diese positiven Veränderungen eingetreten sind, muss ich zugeben, dass ich mit der Sorge kämpfe, dass all dies umsonst war und dass ich trotzdem CTE entwickeln und in eine Demenz abgleiten werde.

Als ich Dr. Licata auf diese Bedenken ansprach, sagte er, wir wüssten genug über die Mechanismen der Krankheit, um zuversichtlich zu sein, dass sie sich nicht entwickeln wird. Ein großer Teil davon ist auf die Verbesserung des Tiefschlafs zurückzuführen, der von entscheidender Bedeutung ist, da unser Körper hier Abfallstoffe wie Tau und Beta-Amyloid abbaut, die bei neurodegenerativen Krankheiten wie CTE und Alzheimer verheerende Auswirkungen haben. Außerdem behandelte ich die allgemeine Entzündung mit Diät und Nahrungsergänzungsmitteln, um zu vermeiden, dass ständig neue Schäden entstehen.

Nach unserem Gespräch fühlte ich mich etwas besser und erinnerte mich an eines der aussagekräftigen Videos auf der Website des CLF über die Bedeutung der Hoffnung. In dem Video betont Dr. Robert Stern, Leiter der klinischen Forschung am Boston University CTE Center, dass CTE kein Todesurteil ist und dass man die Symptome behandeln kann. Außerdem bestehe eine gute Chance, dass in Zukunft Behandlungen zur Verfügung stehen, die CTE verlangsamen und möglicherweise rückgängig machen.

Ich bin fest entschlossen, mir diese Einstellung zu eigen zu machen und daran zu glauben, dass ich eine gute Zukunft vor mir habe, auch wenn ich weiß, dass wir nie wissen, was sich entwickeln könnte. Ich weiß nur, wie viel besser ich mich fühle und dass ich versuche, mich in dieser stressigen Zeit anzustrengen, anstatt mich dem Stress zu ergeben.

Durch die Behandlung der funktionellen, emotionalen und strukturellen Bereiche habe ich einen viel gesünderen, glücklicheren und sichereren Platz in meinem Leben eingenommen. Ich glaube, dass ich die Wahrscheinlichkeit, an CTE oder einer anderen Form von Demenz zu erkranken, deutlich gesenkt habe. Das hat viel Zeit und Geld gekostet, aber das ist ein geringer Preis, wenn man bedenkt, wie gesund und glücklich ich insgesamt bin und wie gut es meiner Familie geht.

Es gibt noch andere Behandlungsmethoden, die ich erforschen möchte, und weitere Experten, die ich befragen muss, aber ich bin jetzt viel hoffnungsvoller als zu irgendeinem anderen Zeitpunkt in diesem Prozess. Und während ich diese Botschaft des Bewusstseins und der Hoffnung verbreiten möchte, bin ich mir auch bewusst, dass viele Menschen in meiner Situation nicht die finanziellen Mittel haben, um einige dieser Behandlungen in Anspruch zu nehmen.

Hier ist eine grobe Schätzung dessen, was ich bisher für mein Gehirn ausgegeben habe:

Millennium - Hormonregulierung - 3.000 $ für das Jahr

NUCCA - 2.000 $.

Neurofeedback - 9.000 $ für das Mapping und 80 Sitzungen

Therapie - 100 $ pro Sitzung - 2.500 $ für ein Jahr

Nahrungsergänzungsmittel – 2.500 $ pro Jahr

Das sind fast 20.000 $, eine Summe, die sich viele nicht leisten können. Das heißt aber nicht, dass sie nicht heilen und Hoffnung haben können. In den nächsten Kapiteln werde ich einen Blick auf die Bedeutung all der Dinge werfen, die jeder kostenlos tun kann und die enorme Auswirkungen auf unsere Symptome und unser Wohlbefinden haben. Unsere finanzielle Situation sollte nicht darüber entscheiden, ob wir unser Leben und die Gesundheit unseres Gehirns verbessern können. Seien Sie engagiert, machen Sie die Arbeit, und die Verbesserungen werden kommen.

Kapitel Zehn

Wir befinden uns im fünften Monat der COVID-19-Pandemie, und ich habe keine große Hoffnung, dass sie so bald zu Ende geht. Ich habe mich immer noch so weit wie möglich von den Nachrichten und den sozialen Medien ferngehalten, aber meine Frau hält mich täglich auf dem Laufenden über die Zahl der Todesopfer, die am stärksten betroffenen Gebiete und so weiter.

Meine Gedanken zur Pandemie sind sehr unterschiedlich, aber das Beste für meine Ehe und meine geistige Gesundheit ist, einfach das zu tun, was Jen für das Beste hält. Obwohl ich in der Öffentlichkeit eine Maske trage und wir als Familie isoliert sind, fällt es mir schwer, mich nicht mit all den Verschwörungstheorien zu beschäftigen. In *Ain't No Messiah* hatte ich gerade darüber geschrieben, dass die Regierung einen beträchtlichen Teil der Bevölkerung mit einem Grippeimpfstoff auslöscht, und all die dystopischen Recherchen, die ich im Laufe der Jahre angestellt habe, machen es mir sehr schwer, einer Regierung zu vertrauen.

Ich bin mir meiner verzerrten Sichtweise und begrenzten Informationen bewusst und habe die Kontrolle aufgegeben, so wie Michael Poorman es mit seiner Frau getan hat. Ich vertraue meiner Partnerin und werde mich an die Einschränkungen halten, die sie für das Beste für meine Familie und die Menschen um uns herum hält.

Im Gegensatz zu so vielen anderen hatten wir das unglaubliche Glück, dass unser Leben durch die Pandemie nicht auf den Kopf gestellt wurde. Nachdem ich das Elend von Freunden gesehen habe, die Familienmitglieder und ihren Lebensunterhalt verloren haben, bereue ich sämtliches Jammern in meinem Leben. Es gibt immer andere, die wirklich leiden und sich in einer viel schlimmeren Situation befinden. Diese Krise macht das nur noch deutlicher.

Trotz des zusätzlichen Stresses, der dadurch entsteht, dass alle zu Hause sind - was bedeutet, dass mehr gekocht, geputzt und Videospiele gespielt werden - geht es mir emotional immer noch gut. Ich habe sogar angefangen, mit meinen Kindern Schreibkurse auf Facebook Live zu geben, was ich mir vorher nie hätte vorstellen können. Mit diesem Kurs habe ich nicht das Gefühl, viel zu tun, aber wenn wir anderen Familien helfen können, etwas Positives und Produktives mit ihrer Zeit anzufangen, dann bin ich voll dafür.

Was das Schreiben angeht, so bin ich sehr produktiv, und mein Co-Autor John Palisano und ich geben dem Buch *Try Not to Die: In the Pandemic* den letzten Schliff. Wir haben uns Sorgen gemacht, dass wir das Thema etwas zu früh veröffentlichen und unsensibel erscheinen könnten, aber John, der selbst mit dem Virus zu kämpfen hatte und Freunde durch ihn verloren hat, hat mir gezeigt, dass es unsere Aufgabe als Autoren ist, die Dinge zu erfassen, die unsere Ängste und Frustrationen nähren. Ich habe es auch geschafft, *Beyond Brightside* fertig zu stellen und freue mich darauf, beide Bücher um Halloween herum zu veröffentlichen.

Aber trotz all der Hausarbeit, dem Spielen mit den Kindern und dem Schreiben werden wir alle verrückt, wenn wir eingesperrt sind. Es war eine schöne Überraschung, als meine Frau vorschlug, am vierten Juli ein paar Tage am Strand zu verbringen.

Der Ausflug an den Strand war eine schöne Abwechslung, eine kleine Pause von der Angst und Abscheu, die uns umgab. Wir haben Puzzles gemacht, Brettspiele gespielt, sind spazieren gegangen, vor den Wellen weggelaufen und haben gelesen.

Das Buch, in dem ich verschwand, war *Das Ende der Geisteskrankheit* von Dr. Daniel Amen, einem Neurowissenschaftler und Psychiater. Obwohl meine Mutter Dr. Amen schon seit Jahren lobt, ist dies das erste Buch von ihm, das ich in die Hand genommen habe. Ich hatte vor, mich in der Amen-Klinik einer SPECT-Untersuchung (Single-Photon-Emissions-Computertomographie) zu unterziehen, die den Blutfluss und die Hirnaktivität misst, und dann Dr. Amen für dieses Buch zu interviewen, aber die Pandemie hat mich davon überzeugt, diesen Plan zu verwerfen.

Ich habe gemischte Gefühle, wenn ich die Amen-Klinik nicht in Anspruch nehme. Ein weiterer Scan könnte meine Zuversicht stärken, dass sich mein Gehirn in einem Zustand der Heilung befindet, aber es besteht auch das Risiko, dass noch mehr Dinge entdeckt werden, die mit meinem Gehirn nicht stimmen. Und obwohl ich mit Dr. Amen über die Auswirkungen von Cannabis auf das Gehirn sprechen wollte, weiß ich, dass mir seine Antworten nicht gefallen werden. Die Tests würden außerdem ein weiteres Preisschild haben, das ich nicht rechtfertigen kann. Sein Buch wird reichen müssen.

Ich habe oft Angst davor, Sachbücher in die Hand zu nehmen, weil ich befürchte, dass sie mich zu Tode langweilen, aber das von Dr. Amen hat mich positiv überrascht. Das Buch ist leicht zu lesen und zu verstehen, alles ist für Laien leicht verdaulich aufbereitet. Das Buch erklärt, wie die Neurowissenschaft dazu beitragen kann, viele Störungen und Probleme des Gehirns zu verhindern oder rückgängig zu machen, die bisher als Probleme der geistigen Gesundheit eingestuft wurden - ein Begriff, der nach Ansicht von Dr. Amen abgeschafft und durch den Begriff der Gehirngesundheit ersetzt werden sollte. Bei den meisten körperlichen Beschwerden ordnen Ärzte eine Art von Untersuchung an, zum Beispielzum Beispiel ein Röntgenbild oder eine Kernspintomografie, um festzustellen, was das Problem ist. Aber viel zu lange haben Psychiater psychische Probleme einfach auf der Grundlage von Verhaltensweisen und berichteten Symptomen diagnostiziert, ohne eine wirkliche Vorstellung davon zu haben, was im Gehirn vor sich geht.

Wenn unser Gehirn gesund ist, dann ist auch unser Geist gesund. Probleme entstehen, wenn das Gehirn ungesund ist. Die Menschen sind nicht psychisch krank, es ist ihr Gehirn, das nicht gesund ist. Diese Änderung der Terminologie würde wahrscheinlich das Stigma, die Schuldgefühle und die Scham, die mit der Krankheit verbunden sind, verringern und mehr Menschen ermutigen, Hilfe zu suchen.

In den Kliniken von Dr. Amen wurden mehr als 170.000 Scans bei Patienten durchgeführt, was ihm eine unglaubliche Fülle von Daten liefert. Mithilfe der SPECT-Bildgebung kann er erkennen, welche Teile des Gehirns über- oder unterfunktionieren, und Behandlungsprotokolle erstellen, die auf wissenschaftlichen Erkenntnissen beruhen und nicht auf einer unbestimmten Diagnose wie PTBS oder ADHS. Die SPECT-Bilder, die sich durch das gesamte Buch ziehen, zeichnen ein sehr klares Bild davon, wie dysfunktionale Gehirne nach Schlaganfällen, Alzheimer, Hirntrauma, Drogen- und Alkoholmissbrauch und anderen schädlichen Zuständen aussehen.

Gleich zu Beginn des Buches beschreibt Dr. Amen häufige SPECT-Muster, die für die Diagnose und Behandlung von Bedeutung sind. Er listet auch die 11 Risikofaktoren für die Gesundheit des Gehirns auf und macht sie mit seinem Akronym BRIGHT MINDS leichter zu merken.

Blood Flow (Blutfluss)

Retirement/Aging (Ruhestand/Alterung)

Inflammation (Entzündungen)

Genetics (Genetik)

Head Trauma (Kopftrauma)

Toxins (Gifte)

Medications (Medikamente)

Immunity/Infections (Immunität/Infektionen)

Neurohormone Issues (Neurohormon–Probleme)

Diabesity (Diabetis)

Sleep (Schlaf)

Obwohl mein Gehirn durch verschiedene Ursachen negativ beeinflusst wurde, ist diejenige, mit der ich mich hier am meisten beschäftige, ein Kopftrauma. Das Gehirn wird durch ein Schädel-Hirn-Trauma radikal verändert, was Sinn macht, wenn wir uns die

Auswirkungen des Traumas ansehen. Dazu gehören Blutergüsse, geplatzte Blutgefäße und Blutungen, erhöhter Druck, Sauerstoffmangel, Schädigung der Nervenzellverbindungen, Zerreißen von Gehirnzellen, wodurch Proteine freigesetzt werden, die Entzündungen hervorrufen, und erhebliche hormonelle Störungen, wenn die Hirnanhangdrüse betroffen ist.

Das von Dr. Amen empfohlene Rehabilitationsprogramm für das Gehirn bei einem Schädel-Hirn-Trauma besteht aus Neurofeedback, hyperbarer Sauerstoffbehandlung (HBOT), Nahrungsergänzungsmitteln mit gesundheitsfördernden Zusätzen und medizinischem Nutzen sowie der Einführung von Gewohnheiten, die für das Gehirn gesund sind, und der Vermeidung von ungesunden Gewohnheiten. Ich hatte geplant, die HBOT-Behandlung auszuprobieren, bei der Menschen in einer speziellen Druckkammer mit konzentriertem Sauerstoff versorgt werden, aber wie bei der SPECT-Untersuchung werde ich mich auf die anderen Dinge konzentrieren, die ich tun kann.

Ich empfehle jedem, der sein Gehirn besser verstehen und verbessern will, das Buch *Das Ende der Geisteskrankheit*. Es ist eine schnelle Lektüre, vollgepackt mit leicht zu verarbeitenden Informationen. Ich habe das Buch in zwei Tagen am Strand durchgelesen, und es hat mich zusammen mit meinem Narzissmus davon überzeugt, endlich wieder regelmäßig Sport zu treiben und mich gesund zu ernähren. Es war mir peinlich, mit freiem Oberkörper am Strand zu sein, und ich war enttäuscht, wie sehr ich mich gehen lassen hatte. Da ich weiß, wie sehr ich für das Erreichen meiner Ziele zur Rechenschaft gezogen werden muss, habe ich in den sozialen Medien gepostet, dass ich bis zu meinem Geburtstag im August 93 Kilogram erreichen würde. Es wird nicht einfach sein, in 6 Wochen 10 Kilogram abzunehmen, aber ich bin fest entschlossen.

# # #

Es sind jetzt 2 Wochen vergangen, und ich habe bereits 5 Kilogram abgenommen, und in den nächsten 30 Tagen sollen es noch 11 mehr werden. Neben der radikalen Umstellung meiner Ernährung habe ich endlich wieder eine gute Trainingsroutine gefunden und fühle mich so gut wie schon lange nicht mehr. Dank der Wetten, die ich zu Beginn des Programms abgeschlossen habe, bin ich unglaublich motiviert, mein Ziel zu erreichen. Wenn ich es nicht schaffe, muss ich einen Monat lang auf Cannabis verzichten, etwas, das ich während der Pandemie nicht tun will.

Für etwas, das ich die meiste Zeit meines Lebens geliebt habe, ist es überraschend, wie leicht man vom Sport abfällt. Als Kind war ich immer im Garten, um meine Geschwister zu jagen, auf Bäume zu klettern und Löcher zu graben. In jeder Pause und in der Mittagspause in der Schule spielte ich Fußball, Football oder eine andere Sportart. In der siebten Klasse wurde ich mit dem Gewichtheben bekannt gemacht, und das wurde schnell zu einer Obsession. Ich konnte nicht verhindern, dass ich zu klein war, aber ich glaubte, dass ich mit harter Arbeit und Hingabe stärker, schneller und härter werden könnte.

In der High School und am College füllten Kraftdreikampf und Kickboxen meine Tage aus, zumindest wenn ich nicht gerade Football spielte. Nach meinem Abschluss wechselte ich zu MMA und Boxen und trainierte fleißig, um meine Chancen zu verbessern, nicht allzu sehr in den Hintern getreten zu werden. Erst als ich mir 2005 die Achillessehne riss, ging es mit meiner Beziehung zum Sport bergab.

Mindestens einmal im Jahr versuchte ich, wieder in Form zu kommen, sprang auf die neueste Modeerscheinung auf und kaufte mir ein Gerät, das ich nur ein oder zwei Monate lang benutzte, um es im folgenden Jahr wegzugeben und Platz für das nächste Gerät zu schaffen, das hoffentlich meine Leidenschaft wieder entfachen würde. Nichts schien zu halten, und ich nahm immer mehr zu, während mein Körper schwächer wurde. Schließlich hatte ich genug und begann mit Unlocking the Cage, um mich mit MMA-Training wieder in Form zu bringen. Nachdem ich 2 Jahre lang Schläge auf den Kopf eingesteckt hatte, wechselte ich zu Jiu-Jitsu und Yoga und wurde so gesund wie schon lange nicht mehr.

Kurz nachdem ich begonnen hatte, mich mit dem Thema Schädel-Hirn-Trauma zu beschäftigen, erzählte ich Dr. Alison Gordon, dass ich mir Sorgen machte, dass meine schlechte Laune mit meinen Hirnverletzungen zusammenhängen könnte. Sie half mir zu verstehen, dass es viel wahrscheinlicher auf meinen Bewegungsmangel zurückzuführen war. Schulter- und Nackenverletzungen hatten mich für einige Zeit von der Matte und dem Yogastudio ferngehalten, und ich fühlte mich miserabel. Ihr Hinweis genügte mir, um Hilfe zu suchen und die Probleme zu lösen, die mich zurückhielten. Ein paar Cortisol-Spritzen, Stammzelleninjektionen und eine Menge Physiotherapie ermöglichten es mir, wieder den Aktivitäten nachzugehen, die mir Spaß machten.

Genau wie beim Schlaf wird in jedem SHT-Artikel, den ich gelesen habe, Bewegung als eines der wichtigsten Dinge genannt, die wir für die Gesundheit unseres Gehirns tun können. Auf der Seite der Concussion Legacy Foundation (Leben mit CTE) heißt es: "Regelmäßiger Sport kann Stress abbauen, Schmerzen lindern und das allgemeine Wohlbefinden verbessern. Und denken Sie daran: Was gut für Ihr Herz ist, ist auch gut für das Gefäßsystem in Ihrem Gehirn."

Und wie der Schlaf wirkt sich auch die Bewegung auf alle Systeme des menschlichen Körpers aus, und jeder profitiert davon. Sie hilft uns, unser Gewicht zu kontrollieren, bekämpft ungesunde Zustände und Krankheiten, verbessert die Stimmung, steigert die Energie, lässt uns besser schlafen und kann den Sex verbessern. Die Empfehlungen für den Umfang der körperlichen Betätigung variieren, reichen aber von 75 bis 150 Minuten aerober Aktivität pro Woche, das heißt etwa 20 Minuten pro Tag, zusammen mit mindestens 2 Tagen Krafttraining.

Das Buch von Dr. Amen gibt eine gute Übersicht darüber, wie Bewegung die Gesundheit unseres Gehirns fördert. Er stellt fest, dass 100 Minuten Bewegung pro Woche, zusammen mit einer gesunden Ernährung, das Alter des Gehirns um ein Jahrzehnt verringert. Darüber hinaus weist er darauf hin, dass regelmäßiger Sport das Risiko, an

Depressionen zu erkranken, senkt, den Hippocampus vergrößert und ihn gleichzeitig vor stressbedingten Hormonen schützt, den vom Gehirn abgeleiteten neurotrophen Faktor (BDNF) stimuliert, der die Plastizität des Gehirns verbessert, die Fähigkeit zur Bildung neuer Neuronen anregt, die kognitive Flexibilität verbessert, die Sauerstoff- und Nährstoffversorgung erhöht und eine bessere Entgiftung ermöglicht.

Die vier Arten von Übungen, die er für die Gesundheit des Gehirns empfiehlt, sind

- Burst-Training beinhaltet kurze Trainingseinheiten nahe der maximalen Herzfrequenz, gefolgt von Übungen mit geringerer Intensität oder Pausen zwischen den Trainingseinheiten. Dies kann jede Art von Übung sein, wie zum Beispiel Laufen auf der Stelle, Hampelmänner, Kniebeugen, Seilspringen, Radfahren und Schwimmen. Die Vorteile sind ein Anstieg der Endorphine, eine bessere Stimmung und mehr Energie.

- Auch Krafttraining steigert die Stimmung und die Energie, während es gleichzeitig Ängste abbaut. Dabei geht es nicht nur um das Heben von Gewichten. Es umfasst auch die Verwendung von Widerstandsbändern und Übungen mit dem eigenen Körpergewicht.

- Koordinationsübungen fördern die Aktivität des Kleinhirns. Dazu können Tischtennis, Tanzen, Jonglieren und Ballwerfen gehören.

- Achtsamkeitsübungen tragen dazu bei, Konzentration und Energie zu steigern und gleichzeitig Depressionen und Angstzustände zu verringern. Dazu gehören Yoga, Pilates und Tai-Chi. Allerdings kann fast jede Übung oder Aktivität in eine Achtsamkeitsübung umgewandelt werden, indem man sich auf seine Atmung konzentriert und präsent ist.

Durch die ganze COVID-19-Situation ist es sowohl einfacher als auch schwieriger geworden, sich in Bewegung zu halten. Ich kann zwar nicht mehr ins Fitnessstudio gehen, um Kardio- und Krafttraining zu machen, aber ich habe genug Geräte zu Hause, um genauso gut zu trainieren. Das Gleiche gilt für Yoga und Jiu-Jitsu, die ich zu Hause mit meiner Frau und meinen Kindern machen kann, da die meisten Studios geschlossen sind.

Dank der Pandemie habe ich mehr Zeit, um zu trainieren, aber das hat sich auch auf meine Motivation ausgewirkt. Wenn man entspannt und bequem ist, macht es keinen Spaß, aufzustehen und zu trainieren. Sich auf die Couch zu setzen und Videospiele zu spielen ist viel einfacher, als eine Runde joggen zu gehen.

Aber ich stelle wieder fest: Je öfter ich etwas tue, desto leichter fällt es mir. Und je mehr Variationen ich einbaue, desto größer ist die Wahrscheinlichkeit, dass mir nicht langweilig wird und ich die Aktivität aufgebe.

In den letzten zehn Jahren waren Yoga und Jiu-Jitsu meine Lieblingsmethoden, um in Form zu bleiben. Jiu-Jitsu fördert meine kämpferische Seite, verbessert meine geistige und körperliche Widerstandsfähigkeit und trainiert mein Gehirn, während ich neue und herausfordernde Bewegungen lerne. Ganz zu schweigen davon, wie sehr ich die soziale Interaktion genieße, mit Leuten zu trainieren, mit denen man auf der Straße vielleicht nie sprechen würde, und die auf der Matte alle gleich sind, ohne dass der finanzielle, der Bildungs- und der Beziehungsstatus eine Rolle spielen.

Seit ich mit dem Abnehmen begonnen habe, rudere ich viel auf meinem Hydrow-Gerät. Das ist gut für meinen Körper und stillt ein wenig meinen Konkurrenzkampf, aber das Rudern in geschlossenen Räumen ist immer noch relativ langweilig.

Kleine Aktivitätsschübe über den Tag verteilt haben sich als effektiv erwiesen, vor allem für meine Kreativität und meine allgemeine Stimmung. Jeder Tag ist anders, aber ich finde, ein paar Liegestützen, Crunches und Kniebeugen über den Tag verteilt zu machen, gibt mir die Gewissheit, dass ich wenigstens etwas Körperliches getan habe.

Die stärkste Form der Bewegung ist für mich etwas, wofür mein altes Ich mich vor 20 Jahren geohrfeigt hätte. Yoga. Es ist fantastisch, schlicht und einfach.

Wie viele Männer habe ich immer auf Yoga herabgesehen und dachte, es sei nur etwas für Frauen. Aber dann habe ich Jiu-Jitsu mit Anthony Johnson, einem ehemaligen Marinesoldaten, trainiert. Für einen großen, starken und technisch versierten Jiu-Jitsu-Kämpfer konnte ich nicht glauben, wie gut sich Anthony bewegte, wie gut er seinen Körper beherrschte und wie groß sein Benzintank war. Er führte all das auf seine Yogapraxis zurück und sagte, dass er ohne Yoga aufgrund einer degenerierten Bandscheibe im unteren Rückenbereich überhaupt nichts mehr machen könnte.

Kurz nachdem ich Anthony kennengelernt hatte, zog ich mir einen Bänderriss im Knie zu und wollte mich operieren lassen. Er überzeugte mich, mir bei der Reha mit Yoga zu helfen. Ich dachte, es sei unmöglich, aber ich versuchte es und stellte fest, dass ich nicht nur die Funktion des Knies wiederherstellen, sondern es auch erheblich verbessern konnte, während ich gleichzeitig meinen gesamten Körper stärkte.

Was jetzt zählt, ist, dass ich täglich etwas tue. Manchmal ist es nicht viel, aber selbst die kleinsten Dinge machen einen Unterschied in meiner Stimmung und Energie. Ich helfe nicht nur mir selbst, gesünder zu werden, sondern bin auch ein besseres Vorbild für meine Familie und zeige ihr, wie man auf Ziele hinarbeitet.

Das Wichtigste ist, sich daran zu erinnern, dass es nicht die eine richtige Übung für jeden gibt. Probieren Sie verschiedene Formen aus und finden Sie die, welche für Sie am besten geeignet sind, um Ihre Chancen zu erhöhen. Wenn Sie sich schon länger nicht mehr bewegt haben und nicht wissen, wo Sie anfangen sollen, empfehle ich Ihnen, täglich einen 15-minütigen Spaziergang zu unternehmen.

#

Ich war stolz, dass ich am 19. August, meinem 48. Geburtstag, mein Ziel von 205 erreicht hatte. Noch glücklicher bin ich darüber, dass ich heute Morgen, 7 Wochen später, mit 90 Kilogram das niedrigste Gewicht seit ich 16 bin, erreicht habe.

Obwohl die sportliche Betätigung in den letzten vier Monaten dazu beigetragen hat, dass ich abgenommen und mich psychisch besser gefühlt habe, hätte ich nicht einmal ein Viertel dieser Ergebnisse erzielt, wenn ich nicht meine Ernährung umgestellt hätte.

Im Allgemeinen versuche ich, mich gesund zu ernähren und koche Bio, aber als sich die Pandemie hinzog, haben wir mehr Essen als sonst bestellt. Ich wusste, dass ich das ändern musste, und auch das nächtliche Naschen, wenn ich gute Ergebnisse erzielen wollte. Glücklicherweise ließ ich mir von meinem guten Freund Fortunato Lipari einen Essensplan zusammenstellen, der sich auf eine Keto-Diät und intermittierendes Fasten (IF) konzentrierte.

Für diejenigen, die damit nicht vertraut sind: Die ketogene Diät ist eine fettreiche, eiweißreiche und kohlenhydratarme Ernährung, die den Körper dazu zwingt, Fette statt Kohlenhydrate zu verbrennen.

Das intermittierende Fasten ist genau das, wonach es sich anhört: keine Nahrung für eine bestimmte Zeit zu sich zu nehmen. Diese Art des Fastens kann die Stimmung, das Gedächtnis, das Gewicht, den Blutdruck und Entzündungen deutlich verbessern. Das 12- bis 16-stündige Fasten setzt den Autophagie-Prozess in Gang, bei dem unser Gehirn die angesammelten Abfälle loswird, genau wie im Tiefschlaf.

Ich hatte IF schon ein paar Mal ausprobiert, aber nie länger als eine Woche durchgehalten. Fortunato verstand das und begann mich auf einfache Weise, indem er betonte, wie wichtig es ist, was wir weglassen, vor allem ungesunde Kohlenhydrate und Zucker.

Als Erstes musste ich die Energydrinks und Tees, die ich bisher getrunken hatte, weglassen. Die Tees hatten 130 Kalorien, hauptsächlich aus zugesetztem Zucker. Die meisten Energydrinks hatten keine Kalorien, aber sie waren voller Konservierungsstoffe und Zutaten, die ich nicht brauchte. Außerdem half mir der Verzicht auf die irrsinnige Menge an Koffein, meine Angst zu lindern, dass ich eines Tages einen Herzinfarkt oder Schlaganfall bekommen würde.

Um mein Engagement für den Verzicht zu unterstützen, habe ich das Geld, das ich für die Getränke ausgegeben hätte, in ein Glas gesteckt. Gestern haben mein Sohn und ich das Geld gezählt und etwas mehr als 300 Dollar an einen Nachbarn gespendet, der durch die Pandemie in Schwierigkeiten geraten war.

Was das Fasten anbelangt, so begann ich mit 12- bis 14-stündigem Fasten und zwei Mahlzeiten pro Tag. Jede Woche verlängerte ich das Fasten um eine oder zwei Stunden, bis ich ständig 18- bis 20-stündige Fastenzeiten einhielt und oft nur eine Mahlzeit am Tag aß. Ich fügte sogar einige 36-Stunden-Fasten hinzu und ging einmal sogar bis zu 40 Stunden.

Vielleicht habe ich es mit den Fastenzeiten zu extrem getrieben und dadurch wahrscheinlich etwas Muskelmasse verloren, aber ich kann nicht genug betonen, wie viel besser ich mich körperlich und seelisch fühlte. Der größte Teil dieses gesteigerten Wohlbefindens war wahrscheinlich auf die starke Reduzierung der Zuckeraufnahme zurückzuführen.

Die Ernährungsumstellung hat mir gezeigt, wie wenig Nahrung ich brauche, wie sehr ich mich überfressen habe, was für ein ungesundes Verhältnis ich zum Essen hatte und wie süchtig ich danach war, mich vollzustopfen. Während des Fastens fand ich mich vor dem Küchenschrank wieder, nur um festzustellen, dass ich gar nicht hungrig war, sondern nur gelangweilt oder auf der Suche nach einem Weg, um Ruhe zu finden. Mir wurde auch klar, dass ich das Essen als Belohnung ansah und nicht als Quelle für Treibstoff und Nährstoffe.

Die meisten von uns wissen, dass die Menge und die Art der Nahrung, die wir zu uns nehmen, einen großen Einfluss auf unseren Körper haben. Das kann dazu führen, dass wir übergewichtig oder unterernährt werden und ein Risiko für die Entwicklung von Krankheiten und Beschwerden haben, wobei Arthritis, Diabetes und Herzkrankheiten drei der wichtigsten sind. Aber nur wenige Menschen machen sich Gedanken darüber, wie sich unsere Ernährung auf unser Gehirn auswirkt. In *Das Ende der Geisteskrankheit* listet Dr. Amen viele der Gefahren auf, die wir vermeiden sollten. Hier sind einige seiner Empfehlungen:

- Essen Sie Bio-Lebensmittel und waschen Sie die Produkte immer, um die Menge an Pestiziden zu reduzieren.

- Lesen Sie die Lebensmitteletiketten und vermeiden Sie Chemikalien, Zusatzstoffe und Konservierungsmittel wie MNG, roten Farbstoff Nr. 40 und künstliche Süßstoffe.

- Vermeiden Sie frittierte Speisen und verarbeitetes Fleisch und halten Sie sich an hochwertiges Eiweiß, wie Fisch, Huhn, Rind, Pute, Schweinefleisch, Nüsse, Bohnen und Hülsenfrüchte.

- Verzichten Sie auf Pflanzenöl und essen und kochen Sie mit hochwertigen Fetten, wie Avocados, Kokosnüssen, Nüssen, Oliven, Samen und Meeresfrüchten.

- Trinken Sie viel gereinigtes Wasser, schränken Sie den Alkoholkonsum ein und vermeiden Sie Energy-Drinks und Limonaden.

- Essen Sie komplexe Kohlenhydrate mit hohem Ballaststoffgehalt, wie Gemüse und bestimmte Früchte, und vermeiden Sie Kekse, Süßigkeiten, Brot und Nudeln, die den Blutzuckerspiegel in die Höhe treiben und dann abstürzen lassen. Zucker begünstigt Entzündungen, fördert Diabetes und den Alterungsprozess. Eine zuckerreiche Ernährung und Blutzuckerprobleme werden mit Schizophrenie, Reizbarkeit, Wut, Konzentrationsschwierigkeiten, Angstzuständen, Depressionen und Zuckerabhängigkeit in Verbindung gebracht.

- Essen Sie viele Lebensmittel, die reich an Antioxidantien sind, sowie Kräuter und Gewürze wie Kurkuma, Rosmarin, Zimt, Pfefferminze, Knoblauch und Ingwer.

Dr. Amen geht auch ausführlich auf Nahrungsergänzungsmittel ein, die Sie einnehmen können, um die Gesundheit Ihres Gehirns zu unterstützen, aber es gibt zu viele, um sie hier aufzulisten. Bitte denken Sie daran, dass ich alles andere als ein Arzt, Gesundheitsdienstleister oder dergleichen bin. Recherchieren Sie und sprechen Sie mit einem Arzt für funktionelle Medizin oder einer anderen sachkundigen Person, bevor Sie eine radikale Diät beginnen oder Nahrungsergänzungsmittel einnehmen, bei denen Sie sich nicht sicher sind.

Am wichtigsten ist, dass Sie die Nahrung als Treibstoff betrachten und tun, was Dr. Amen sagt: Essen Sie nur die Nahrungsmittel, die

Ihnen auch Liebe entgegenbringen. Ihr Körper und Ihr Gehirn werden es Ihnen danken.

Kapitel Elf

Der Aufruhr im Kapitol ist zwei Wochen her, und das Land ist gespalten wie nie zuvor. Es scheint, als hätten alle nur Hass und Verachtung für die, welche einen gegenteiligen Standpunkt vertreten, aber ich blende die ganze Negativität aus und konzentriere mich darauf, meine Reaktionen auf die Außenwelt zu kontrollieren. Und im Moment fühle ich nur Freude, denn ich habe gerade die Ergebnisse der letzten Gehirnkartierung meiner Mutter von Vital Head and Spinal Care erhalten.

Dr. Licata hatte nicht viel über ihre ersten Testergebnisse verraten, weil er befürchtete, dass sie dadurch noch mehr Angst bekommen würde. Meine Mutter, die 77 Jahre alt ist, hat chronisch schlecht geschlafen und eine Schwester mit fortgeschrittener Demenz, und die Verarbeitungsgeschwindigkeit ihres Gehirns war im Vergleich zu anderen Frauen ihres Alters deutlich langsamer, was darauf hindeutet, dass sie als prädementiell/vor-Alzheimer eingestuft werden könnte.

Nach 40 Neurofeedback-Sitzungen verbesserte sich der Schlaf meiner Mutter sowohl quantitativ als auch qualitativ. Die dunkelblauen Bereiche ihrer Gehirnkarte verblassten zu einem hellen Blau, und ihre Verarbeitungsgeschwindigkeit verbesserte sich so deutlich, dass sie nicht mehr als prädementiell eingestuft wird. Da es immer noch Raum für Verbesserungen gab, planten wir 20 weitere Neurofeedback-Sitzungen und fragten, was wir sonst noch tun sollten.

Dr. Licata erklärte uns, dass Menschen, die keine Arbeit haben, die neues Lernen erfordert, Probleme mit dem Gedächtnis und der Gesundheit des Gehirns entwickeln, und dass der Ruhestand, der oft ein Zustand ist, in dem man wenig Neues lernt, diesen Verfall nur noch verstärkt. Das Gehirn muss wie ein Muskel trainiert werden, und wenn man es mit verschiedenen Ansätzen anspricht, schafft es neue Verbindungen, während andere Bereiche erhalten und verbessert werden.

Glücklicherweise war sich meine Mutter dessen bewusst und lernte neue Dinge mit Freunden in einer Gruppe, die von einer Frau gegründet wurde, die ihrer an Alzheimer erkrankten Mutter hilft. Sie tauschten nicht nur Informationen darüber aus, wie sie ihren Geist verbessern konnten, zum Beispiel durch richtiges Atmen und verschiedene Arten von Übungen, sondern profitierten auch von sozialen Kontakten und Meditation. Um etwas Neues zu lernen, spielten die Frauen verschiedene Kartenspiele, um ihre Konzentration und ihr Gedächtnis zu trainieren, sowie I Spy, Murmeln, Badminton und Billard.

Diese Gruppe ist zwar eine tolle Idee, und ich bin froh, dass meine Mutter dabei ist, aber sie trifft sich nur einmal in der Woche. Ein Tag von 7 ist nicht ausreichend. Wenn es nach mir ginge, würde ich jeden Tag 10 Minuten lang eine Aktivität für jede Gehirnregion vorschreiben.

In dem Buch *Das Ende der Geisteskrankheit* gibt es ein hervorragendes Bild mit dem Titel Gehirntraining nach Regionen, das zeigt, welche Arten von Aktivitäten den verschiedenen Teilen des Gehirns helfen.

- Der präfrontale Kortex, der bei mir das größte Problem darstellte, kann mit Sprachspielen wie Scrabble, Kreuzworträtseln und Strategiespielen wie Schach trainiert werden.
- Der Schläfenlappen wird mit Gedächtnisspielen und dem Auswendiglernen von Poesie und Prosa trainiert.
- Der Scheitellappen kann mit Aktivitäten wie Mathe, Jonglieren, Kartenlesen und Golf trainiert werden.
- Die Basalganglien werden beim Balancieren, bei der Handhabung von Requisiten wie Seilen und Bällen und bei der Synchronisierung von Arm- und Beinbewegungen angesprochen.
- Das Kleinhirn wird mit Koordinationsspielen und Aktivitäten wie Tanzen, Basketball, Tai Chi, Yoga und Tischtennis trainiert.

Als ich anfing, mir Sorgen um mein Gehirn zu machen, habe ich vorsorglich mit Lumosity angefangen. Ich trainiere verschiedene

Bereiche des Gehirns, indem ich die Spiele für Geschwindigkeit, Gedächtnis, Aufmerksamkeit, Flexibilität, Problemlösung, Sprache und Mathematik variiere. Früher habe ich die Spiele öfter gespielt, aber jetzt versuche ich in der Regel, 5 bis 10 Minuten pro Tag einzuplanen.

Eines der besten Dinge, die ich in meine Routine aufgenommen habe, ist das Musizieren. Das Spielen eines Instruments ist ein Ganzkörpertraining für das Gehirn, das die Regionen anspricht, die das Sehen, den Klang, die Bewegung und das Gedächtnis verarbeiten. Studien haben gezeigt, dass dies zu lang anhaltenden strukturellen und funktionellen Veränderungen des Gehirns führen und die Neurogenese fördern kann, die mit einer verbesserten Lern- und Gedächtnisleistung verbunden ist.

Obwohl das Hören von Musik ein wichtiger Teil meines Lebens ist, seit ich mit 10 Jahren Iron Maiden entdeckte, hatte ich nie das Gefühl, musikalisch begabt zu sein. Da ich nicht glaubte, dass ich es lernen könnte, fing ich langsam an und nahm eine E-Gitarre in die Hand, um auf Rocksmith zu spielen, einem Videospiel für die Xbox. Das Spiel brachte mir zwar nicht viel, aber es verstärkte meinen Wunsch zu lernen. Zu Weihnachten überraschte mich meine Frau mit einer Akustikgitarre, und ich begann mit der Yousician-App, mir das Spielen beizubringen. In meinem ersten Jahr mit der App übte ich etwas mehr als 100 Stunden, was ungefähr der Zeit entsprach, die ich vor dem Fernseher verbrachte.

Weil mir das Spielen so viel Spaß gemacht hat, habe ich mir inzwischen einen Bass und eine weitere E-Gitarre zugelegt und wechsle jetzt zwischen den drei Instrumenten, um mich noch mehr zu fordern. Mein Ziel ist es, jeden Tag 20 Minuten zu spielen, und obwohl das nicht immer klappt, gibt es viele Tage, an denen ich viel länger spiele.

Ich bin mir sicher, dass es viel weniger schmerzhaft wäre, mir beim Spielen zuzuhören, wenn ich jemals richtigen Unterricht oder Privatstunden genommen hätte, aber ich habe mir meine perfektionistischen Gewohnheiten abgewöhnt und bin froh, einfach zu üben. Die Zeit, die ich allein mit der App verbringe, ist großartig, und wenn ich mehr Spaß haben will, bitte ich eines meiner Kinder, ein

Instrument zu nehmen und mich zu begleiten. Dadurch, dass ich mich nicht darum kümmere, ein Experte zu sein, und einfach den Moment genieße, freue ich mich jetzt auf das Gitarrenspiel und werde es wahrscheinlich für eine sehr lange Zeit tun.

Zusätzlich zur Musik beschloss ich, eine neue Sprache zu lernen, nachdem ich gelesen hatte, dass dies eine der effektivsten und praktischsten Methoden ist, um die Intelligenz zu steigern und den Geist scharf zu halten. Das Erlernen einer Sprache trägt zur Verbesserung der Denkfähigkeit und des Gedächtnisses bei und kann neue Bereiche des Gehirns erschließen. Es kann auch die Exekutivfunktion des Gehirns und die natürliche Fähigkeit zur Konzentration stärken, etwas, das ich dringend brauchte, bevor ich mein Gehirn mit Hormonregulierung und Neurofeedback rehabilitierte.

Auf der Suche nach einer Herausforderung, aus Interesse an meiner deutschen Abstammung und als großer Fan der Band Rammstein begann ich, Deutsch zu lernen. Ich habe viel Zeit damit verbracht, verschiedene Apps wie Rosetta Stone und Memrise auszuprobieren. Am längsten war ich bei Duolingo mit 324 Tagen.

Trotz all der Zeit, die ich mit dem Erlernen der deutschen Sprache verbracht habe, habe ich keine Nachhilfe in Anspruch genommen oder genug geübt, um fließend zu sprechen. Aber das ist kein Problem für mich, genau wie bei der Gitarre. Ich lerne jeden Tag ein bisschen und trainiere mein Gehirn. Solange ich mich anstrenge, werde ich auch davon profitieren.

In den letzten Jahren habe ich unverschämt viel verstörenden deutschen Heavy Metal gehört, meiner Familie zuliebe meist mit Kopfhörern. Ich habe festgestellt, dass dies eine interessante und ziemlich passive Art ist, mein Gehirn zu trainieren, meinen Wortschatz zu erweitern und meine Aussprache zu verbessern. Und obwohl ich noch nicht das Gefühl habe, dass ich mich mit einem Muttersprachler anständig unterhalten kann, kann ich schon ziemlich viel lesen, und ich freue mich darauf, Deutschland zu besuchen, um dort aus meinen ins Deutsche übersetzten Romanen sowie aus diesem Buch zu lesen.

Es gibt so viele Sprachen, aus denen man wählen kann, verschiedene Musikinstrumente, die man erlernen kann, und verschiedene Spiele und Aktivitäten, die man spielen kann. Ich kann mir keinen guten Grund vorstellen, nicht wenigstens eine neue Form des Lernens zu beginnen. Selbst der viel beschäftigte Mensch findet täglich 10 bis 15 Minuten Zeit, um zu lernen, sei es beim Autofahren, in der Toilettenpause oder vor dem Fernseher. Experimentieren Sie mit verschiedenen Ansätzen, bis Sie den richtigen für sich gefunden haben. Finden Sie ein paar, die Ihnen Spaß machen, und sehen Sie, wie sehr sie Ihr Wohlbefinden verbessern.

# # #

Dieser nächste Vorschlag für die Gesundheit des Gehirns und den Umgang mit SHT-Symptomen ist einer meiner Favoriten. Schreiben, eine Fähigkeit, die ich früher mit Streberhaftigkeit assoziiert habe, ist eines der konsequentesten Dinge, die ich für die Gesundheit meines Gehirns getan habe, auch wenn mir nicht klar war, wie sehr ich davon profitiert habe.

Der erste Vorschlag auf der Seite Living with SHT der Concussion Legacy Foundation lautet, Dinge aufzuschreiben, um die Produktivität zu steigern und ein Gefühl der Kontrolle zu bekommen. Ich habe die Idee, eine Liste zu erstellen, nie gemocht, aber in den letzten 4 Jahren habe ich mich an sie gehalten. Sowohl mein Kurz- als auch mein Langzeitgedächtnis sind schrecklich, sodass die Liste mir hilft, mich an Termine zu erinnern, und mir die Angst nimmt, ich könnte etwas vergessen, was mit der Arbeit oder der Familie zu tun hat. Wenn ich die erledigten Aufgaben am nächsten Tag abhake, habe ich ein besseres Erfolgserlebnis, und die Aufgaben, die nicht erledigt werden, verschiebe ich einfach auf den nächsten Tag.

Der zweite Vorschlag auf der Seite Leben mit SHT der CLF lautet, eine Routine zu entwickeln, um ein Gefühl der Stabilität zu schaffen und das Leben überschaubarer zu machen. Michael und Sara Poorman halfen mir zu verstehen, wie wichtig dies für sie war. Alles wurde geplant und aufgeschrieben. Michael nahm überall Notizzettel mit, sei es zu einer Vorstandssitzung oder auf eine Geschäftsreise, was ihm die Gewissheit gab, dass er seine Aufgaben oder Gesprächsthemen immer griffbereit hatte, wenn er Probleme mit dem Denken hatte.

Das Führen eines Journals oder Tagebuchs ist ein weiteres mächtiges Instrument, das uns zur Verfügung steht. Bevor ich dieses Buch schrieb, waren die einzigen Tagebücher, in die ich schrieb, Gewichtheber- und Kampfsporttagebücher, in denen ich Gewichte und Techniken festhielt. Zu Beginn dieser Forschungsarbeit begann ich mit einem Gehirntagebuch, in das ich alle wichtigen Ereignisse des Tages eintrug. An manchen Tagen waren es nur ein paar Sätze, an anderen Tagen ein paar Absätze, gefüllt mit negativen Reaktionen auf Stress, verbalen Eskalationen, Raserei auf der Straße, wie viel Cannabis und Koffein ich zu mir genommen hatte, ob ich meditiert hatte und so weiter.

Ohne das Tagebuch wäre ich nicht in der Lage gewesen, zurückzublicken und ehrlich zu sagen, wie ich mich gefühlt habe oder was ich gedacht habe. Dieses Tagebuch war für das Schreiben dieses Buches von entscheidender Bedeutung, da ich zurückgehen und meine genauen Worte über eine Erfahrung verwenden kann. Es hat mir auch geholfen, mit den Emotionen umzugehen, während ich sie aufschrieb und untersuchte, mich für unerwünschtes Verhalten verantwortlich machte und Momente anerkannte, mit denen ich zufrieden war. Und dank des Tagebuchs musste ich nichts zurückhalten aus Angst, dass ich verurteilt werden könnte. Dieser Ansatz wäre ideal für jemanden, dem es zu peinlich ist, sich einem Therapeuten anzuvertrauen.

Bis vor ein paar Wochen hatte ich noch nie ein Dankbarkeitstagebuch geführt. Das Tagebuch hatte keinen großen Nutzen, aber ich erkannte, dass das nur daran lag, dass ich es bereits zu einer nächtlichen Routine gemacht hatte, Dankbarkeit zu üben, wenn ich Cannabis nahm. Dankbarkeit uns selbst und anderen gegenüber löst positive Emotionen aus und wirkt sich auf unsere allgemeine Gesundheit und unser Wohlbefinden aus, indem es Ängste, Befürchtungen und Depressionen abbaut und gleichzeitig den Schlaf verbessert.

Meine am wenigsten bevorzugte Form des Schreibens ist das, was ich im Moment tue. Ich schreibe Sachbücher, untersuche mich selbst und meine Ängste, lege mein Leben offen und bin verletzlich. Sachbücher lenken mich von meinen Romanen ab und es fällt mir viel schwerer, mich darauf zu konzentrieren. Ich finde sie langweilig und zu wissenschaftlich und würde die Zeit lieber damit verbringen, mir coole Möglichkeiten auszudenken, wie man Figuren umbringen kann.

Aber ich weiß, wie nützlich das Schreiben von Sachbüchern sein kann. Wie beim Gehirnjournal kann das Schreiben über sich selbst und persönliche Erfahrungen Stimmungsstörungen verbessern, Arztbesuche reduzieren und sogar das Gedächtnis verbessern. Das fertige Produkt kann auch denjenigen helfen, die es lesen, weil sie sich nicht mehr so allein fühlen und eine andere Perspektive kennenlernen.

Das Schreiben von Belletristik ist seit 25 Jahren meine Leidenschaft, und der Drang zu schreiben lässt mich nie los. Ich habe bereits mehr als 15 Jahre Arbeit geleistet und bin mir ziemlich sicher, dass ich schreiben werde, bis mein Gehirn mich im Stich lässt. Vielleicht wird nicht alles, was ich schreibe, düster und verstörend sein, aber darauf würde ich nicht wetten. Es macht einfach Spaß, ganze Welten und Charaktere zu erschaffen, und es macht mir besonders viel Spaß, wenn ich das mit meinen Co-Autoren für meine *Try Not to Die*-Reihe mache.

Ich habe nie viel darüber nachgedacht, warum ich schreiben wollte oder was mir das bringt, aber es lässt sich nicht leugnen, dass der Akt eine unglaubliche Katharsis ist. Was auch immer ich gerade verarbeite, kommt in meiner Arbeit zum Vorschein. Das übergreifende Thema meines Schreibens ist meine Angst vor dem Tod, aber in jedem Buch tauche ich tiefer in die menschliche Verfassung ein. In *Brightside* ging es um Selbstmord und dunkle Gedanken. In *25 Perfect Days* ging es um meine Abscheu vor der Welt und den Gräueltaten, die sowohl Religionen als auch Regierungen begangen haben. *Aint No Messiah* war von ähnlicher Natur mit einer gesunden Dosis schmutzigen Sexes am Rande.

In mehr als 100 Kurzgeschichten habe ich eine Vielzahl von Aspekten meines Lebens angesprochen, die gelöst werden mussten. Eine gescheiterte Ehe. Ein beschissener Boxer. Ein unbekannter Autor. Ein Dieb und ein Lügner. Ein enttäuschender Sohn. Ein vergessener Vater. Ein rücksichtsloser Teenager. Ein hinterhältiger Freund. Ein Drogensüchtiger. Ein Alkoholiker. Ein Mann mit einem kaputten Gehirn.

In der Belletristik können wir in imaginäre Charaktere eintauchen und sie mit Leben füllen, indem wir entscheiden, wie ihr Hintergrund und ihre Erfahrungen sie geformt haben. Durch diese Figuren können wir unsere Ängste, Frustrationen und Schwächen erforschen. Wir können Liebe, Dankbarkeit oder andere positive Gefühle ausdrücken. Wir können schreiben, was wir wollen, und ich finde, das ist so ähnlich, wie wenn das Gehirn nachts seinen Abfall entsorgt. Ich lasse all die dunklen, hässlichen Dinge aus mir heraus, damit sie sich nicht ansammeln.

Obwohl es schwierig ist, zu quantifizieren, wie sehr mir das Schreiben geholfen hat, verweise ich gerne auf die Erfahrung, die mein Freund Anthony Johnson bei der Arbeit an unserem Buch *Try Not to Die: In Iraq* gemacht hat. Anthony, ein Kriegsveteran aus dem Irak, hatte nach seiner Entlassung aus dem Militär mit lähmenden nächtlichen Angstzuständen zu kämpfen, aber nachdem er einen Monat lang an unserem Buch gearbeitet hatte, waren seine nächtlichen Angstzustände stark zurückgegangen. Ob es nun daran lag, dass wir über das Erlebte sprachen oder er die Ereignisse fiktionalisierte, sein Wohlbefinden verbesserte sich deutlich.

Ich halte das gezielte Schreiben für die wirkungsvollste Form des Schreibens. Das habe ich entdeckt, als ich 2008 an Tom Spanbauers Klausurtagung "Gefährliches Schreiben" teilnahm. Dabei ging es darum, eine Kurzgeschichte über einen Moment zu schreiben, der einen als Person verändert hat. Ich ging in den einwöchigen Kurs mit dem Gefühl, dass ich nichts Wichtiges zu schreiben hatte, aber während der Klausur hatte ich einen meiner größten emotionalen Durchbrüche. Der Moment, über den ich schrieb, lag 12 Jahre zurück und ich dachte, ich hätte ihn völlig überwunden, aber erst als ich ihn gründlich untersucht hatte, konnte ich ihn endlich loslassen.

Da ich weiß, wie sehr die Aufgabe mir und allen anderen Teilnehmern unserer Schreibgruppe geholfen hat, biete ich diese Aufgabe auch Freunden an. Fast alle, die mutig genug waren, sich an der Aufgabe zu versuchen, berichteten, dass sie sehr viel davon profitiert haben. Obwohl das Schreiben der Geschichten schmerzhaft ist und es mir schwerfällt, sie zu lesen, höre ich gerne, wie sehr das Schreiben anderen geholfen hat, Momente zu überwinden, die sie belastet haben.

Diese Art des Schreibens ist eine der billigsten und am leichtesten zugänglichen Formen der Therapie. Es ist auch eine der schnellsten Möglichkeiten, emotionalen Schmerz zu heilen, und hat sich bei vielen verschiedenen Zuständen oder psychischen Erkrankungen als wirksam erwiesen. Dazu gehören PTBS, Angstzustände, Depressionen, Zwangsstörungen, Trauer und Verlust, chronische Krankheiten, Drogenmissbrauch, Essstörungen, Probleme in zwischenmenschlichen Beziehungen, Kommunikationsschwierigkeiten und geringes Selbstwertgefühl.

Wenn Sie selbst schreiben möchten, suchen Sie sich ein Thema aus, über das Sie schreiben möchten, oder suchen Sie sich im Internet eine Liste mit Vorschlägen aus.

# # #

Im Jahr 2017 trainierten Anthony Johnson und ich regelmäßig Yoga und Jiu-Jitsu an 4 oder 5 Tagen pro Woche. Eines Tages schlug Anthony nach einem harten Training vor, in meinen Pool zu springen, der etwa 13 Grad warm war. Er sagte, dass die Jungs, mit denen er im Los Angeles Jiu-Jitsu Club trainierte, das nach dem Training machten, um zu sehen, wie lange sie im kalten Wasser bleiben konnten. Er erwähnte den Dokumentarfilm *Choke*, in dem die Jiu-Jitsu- und MMA-Legende Rickson Gracie in Japan in einen Fluss steigt und atmet, um im eiskalten Wasser ruhig zu bleiben.

Ich hatte den Film nicht gesehen, sagte aber, dass es sich cool anhört. Nichts, was ich mir selbst vorstellen könnte, aber ziemlich krass.

Anthony sprang in den Pool und kam ganz ruhig wieder heraus. Er sagte, es sei verdammt kalt, aber es schien ihn nicht zu stören. Er ermahnte mich, langsam hineinzugehen.

Aber ich hatte gerade gesehen, wie er hineingesprungen war, und es ging ihm gut. Also sprang ich. Und ich kam nach Luft schnappend wieder hoch, ohne zu atmen.

Anthony blieb ruhig, aber besorgt und erinnerte mich immer wieder daran, zu atmen, dass es mir gut ging.

Dieser Ruck hat mir Angst gemacht. Es war mir auch peinlich. Anthony ist etwa 20 Jahre jünger als ich und mein wichtigster Trainingspartner. Wenn er etwas konnte, wollte ich beweisen, dass ich es auch konnte. Außerdem wäre es schön, eine neue Herausforderung zu haben, etwas, das mich von meinen Problemen ablenkt.

Am nächsten Tag ging ich wieder ins Schwimmbecken, aber nur bis zur Hüfte. Ich blieb ein paar Minuten drin und fragte mich, warum jemand so etwas tun wollte. Das tat ich jeden Tag, und jeden Tag ging ich ein bisschen länger oder tiefer. Nach 2 Monaten war ich in der Lage, mehr als 30 Minuten in dem 11 Grad warmen Wasser zu schwimmen.

Als Anthony mein Interesse an der Kälte bemerkte, schlug er vor, dass ich mir die Vice-Dokumentation über "The Iceman" Wim Hof ansehen sollte. Wim, ein gewöhnlich aussehender Mann mittleren Alters, vollbrachte außergewöhnliche Leistungen und hielt zu dieser Zeit mehrere Guinness-Weltrekorde. Einer war das weiteste Schwimmen unter Eis mit 57,48 Meter. Ein anderer war der schnellste Halbmarathon, den er barfuß auf Eis und Schnee lief. Er hielt auch den Rekord für die längste Zeit in direktem Ganzkörperkontakt mit Eis.

Obwohl es viele Kritiker von Wim gab, darunter auch meine Frau, die annahmen, er müsse ein Quacksalber oder eine Laune der Natur sein, war mir das egal. Ich wurde Zeuge von Wims Heldentaten und beobachtete, wie er Männer und Frauen, die keine Sportler waren, zu unglaublichen Erlebnissen führte, zum Beispiel zum Treffen in fast zugefrorenen Seen und zum Besteigen massiver schneebedeckter

Berge, wobei die Frauen nur Schuhe, Socken, kurze Hosen und ein Hemd trugen. Die Teilnahme an einer seiner Expeditionen stand auf meiner Hoffnungsliste für den nächsten Tag.

Die Zeit, in der ich mich der Kälte aussetzte, verblasste, als der Winter kam, aber im Oktober nahm ich sie wieder auf, indem ich gelegentlich im Pool badete und kalt duschte. Das folgende Jahr verlief nach demselben Muster, mit dem Zusatz eines 10-tägigen Wim-Hof-Kurses über die Commune-App. Am Ende des Kurses fühlte ich mich in der Kälte wohl, und als meine Familie in den Bergen zu Besuch war, ließ ich mich von ihnen bis zum Hals im Schnee eingraben, nur mit einer Hose und einem dünnen Hemd bekleidet, für ein paar Minuten.

Jedes Jahr, in dem ich mit dem Eintauchen in die Kälte spielte, gab ich es schließlich auf, als das Wetter wärmer wurde. Ich mochte es, wie die Kälte mich lebendig machte und meine mentale Stärke steigerte, aber es ist nicht leicht, sich dazu zu zwingen. Wir sind Gewohnheitstiere, und es ist leicht, in unsere bequemen Gewohnheiten zu verfallen, wie zum Beispiel schöne warme, entspannende Duschen.

Im November 2020 beschloss ich, das kalte Eintauchen noch einmal zu versuchen, aber es fiel mir schwerer als je zuvor, obwohl der Pool in den 15er war. Anstatt aufzugeben und die Kälte beiseitezuschieben, widmete ich mich ihr als Recherche für das Buch. Wenn ich verstehen würde, warum mir die Kälte hilft, würde ich vielleicht eher bereit sein, die Praxis beizubehalten. Ich kaufte *die Wim-Hof-Methode: Aktivieren Sie Ihr volles menschliches Potenzial* von Wim Hof in der Hoffnung, dass ich darin Inspiration finden würde.

Das Buch ist sehr gut geschrieben und leicht zu verstehen, mit genauen Anweisungen, wie man sowohl die Atemarbeit als auch die Kälteexposition durchführt. Es listet auch die wissenschaftlichen Studien auf, an denen er teilgenommen hat, und die Vorteile der Anwendung.

Wie die meisten Menschen war ich mir der entzündungshemmenden Wirkung der Kälte bewusst, und meine Erfahrung hatte mich gelehrt, wie gut sie bei der Bewältigung von Emotionen hilft. Ein paar Minuten in meinem Pool und all meine

Sorgen waren wie weggeblasen, egal ob ich Angst hatte, deprimiert war oder mich überfordert fühlte, und ich kam in einen Zustand der Ruhe. Ich merkte auch, dass sowohl meine Stimmung als auch mein Energielevel nach einer täglichen Dosis Kälte in die Höhe schnellten.

Zusätzlich zu den mir bekannten Vorteilen erfuhr ich, dass häufige Kälteeinwirkung den Stoffwechsel beschleunigen, die Konzentration fördern, die Immunreaktion und die Schlafqualität verbessern kann. Einer der Gründe, warum Kälte so wirksam ist, ist die Art und Weise, wie sie das Gefäßsystem stimuliert. Die Kälte aktiviert und trainiert die Millionen von Muskeln im System, und nach 10 Tagen Kälteexposition werden die meisten Menschen eine Verringerung von Herzfrequenz und Stress feststellen. Je länger Sie die Übung durchführen, desto mehr Kontrolle haben Sie über Ihren Körper, denn Ihr Gefäßsystem schließt sich automatisch, wenn Sie in die Kälte kommen, und vermeidet so die Schmerzen und das Unbehagen, die jeder am Anfang empfindet.

Das Buch weist darauf hin, dass es nicht notwendig ist, viel Zeit in der Kälte zu verbringen, und dass sich die Vorteile bei jeder Temperatur unter 15 Grad einstellen. Wim empfiehlt, mit 30-sekündigen kalten Duschen am Ende einer warmen Dusche zu beginnen. In der folgenden Woche wird die kalte Dusche auf eine Minute ausgedehnt. In der dritten Woche werden weitere 30 Sekunden und in der vierten Woche noch einmal 30 Sekunden hinzugefügt, und der Gefäßtonus wird optimiert. Die Übung muss nicht jeden Tag durchgeführt werden, aber er empfiehlt, sie mindestens 5 Tage pro Woche durchzuführen.

Die täglichen Duschen und das gelegentliche Eintauchen in den Pool haben mich gestählt, und im Januar war ich 23 Tage lang im Pool, durchschnittlich 12 Minuten pro Sitzung, die meiste Zeit davon bis zum Kinn unter Wasser. Nach der Hälfte der Trainingseinheiten wurde mir klar, dass ich das Training nicht mehr als Folter empfand. Mein Körper und mein Geist hatten sich an die Kälte gewöhnt, und ich konnte ohne zu zögern ins Wasser gehen und kam sehr schnell zur Ruhe.

Da ich mich nicht damit zufriedengab, dass der Pool nur bis zu 10 Grad warm war, und ich befürchtete, dass mich das nicht ausreichend auf eine von Wims Expeditionen vorbereiten würde, sobald die

Pandemie vorüber war und die Welt sich wieder öffnete, dachte ich mir, dass es an der Zeit war, ein richtiges Eisbad zu nehmen. Ich hatte es im Jahr zuvor in meiner Badewanne versucht, aber ich hatte es nicht lange durchgehalten. Diesmal war ich entschlossen, es richtigzumachen, und so kontaktierte ich Joey Hauss, einen lokalen Wim-Hof-Lehrer der Stufe 2, und vereinbarte für Ende Februar eine Einzelsitzung.

Obwohl mich die von Joey angebotene Atemarbeit nicht sonderlich interessierte und ich mich nur von den Videos angezogen fühlte, in denen Männer und Frauen ruhig in sein tragbares Eisbad steigen, meldete ich mich für seinen Online-Kurs am Dienstag an, in der Hoffnung, dass er mir helfen würde, mich vorzubereiten. In der ersten Februarhälfte hatte ich täglich 15- bis 20-minütige Schwimmbadbesuche gemacht, aber ich war immer noch eingeschüchtert, weil das Wasser 15 Grad kälter war als ich es gewohnt war.

Als Joey und seine Frau für die Sitzung vorbeikamen, erfuhr ich, dass es Joey war, der Anthony mit den kalten Schwimmbädern bekannt gemacht hatte und auch der Grund dafür war, dass ich mit dieser Praxis begann. Joey und sein Freund Eric, beide braune Gürtel unter Jean Jacques Machado, leiteten den Los Angeles Jiu-Jitsu Club und hatten an der Entwicklung ihrer Kälteeinwirkung und Atemarbeit gearbeitet.

Joey, ein sanftmütiger, knallharter Typ, war ein Highschool- und College-Ringer und Marinesoldat, bevor er das Jiu-Jitsu entdeckte. Während eines Seminars von Rickson Gracie entwickelte er ein Interesse an Atmung und Kälte. Als jemand, der davon besessen ist, Dinge zu finden, die eine Herausforderung darstellen, stürzte sich Joey kopfüber in die Praxis und fand die richtige Richtung, als er Wim Hof entdeckte, der die wissenschaftliche Gemeinschaft über die gesundheitlichen und psychologischen Vorteile der gleichen Arten von Übungen unterrichtete, die Joey und Eric bereits praktizierten.

Während Joey und ich uns für die Atemübungen im Garten vorbereiteten, gab ich zu, dass ich wegen des Eisbads nervös war. Ich war seit mehr als einer Woche nicht mehr im Schwimmbad gewesen und war mir nicht sicher, wie ich mich verhalten würde. Er sagte, dass die meisten Teilnehmer seiner Workshops nicht glauben, dass sie das Eisbad schaffen, aber sie schaffen es fast alle. Er sagte mir, ich solle mich nicht stressen und versicherte mir, dass die Atemsitzung mich auf das Bad vorbereiten würde.

Dreißig Minuten später war die Atemarbeit beendet und es war Zeit für das Eisbad. Joey trat als Erster ein, sein Gesicht zeigte nichts als Ruhe, als er sich in das 2 Grad kalte Wasser setzte und ruhig mit uns sprach, um mir zu sagen, was mich erwartete.

Als ich an der Reihe war, stieg ich ein und setzte mich beim Ausatmen hin, begeistert, dass es nicht viel anders war als im Schwimmbad. Nach einer Minute begannen meine Handgelenke und Hände ein wenig zu schmerzen, aber ich hielt die vollen 2 Minuten durch, was Joey für das erste Mal empfiehlt. Bei meinem nächsten Eisbad werde ich versuchen, 5 Minuten durchzuhalten, wobei 10 mein maximales Ziel sind.

So froh ich auch war, dass ich die Erfahrung überstanden hatte, gab ich Joey gegenüber zu, dass das Eisbad ein wenig enttäuschend war, nicht weil es nicht das war, was ich erwartet hatte, sondern weil es im Vergleich zu dem, was ich durch die Atemarbeit und die geführte Meditation erhalten hatte, verblasste.

Joey lachte und erzählte mir von dem berühmten Zitat aus der Welt der Selbstentwicklung. "Verkaufe ihnen, was sie wollen, um ihnen zu geben, was sie brauchen."

Kapitel Zwölf

Als mein Kumpel Eugene hörte, dass ich mich auf ein Eisbad vorbereitete, schlug er vor, ich solle *Atmen* von James Nestor lesen. Ein Buch über das Atmen klang ziemlich langweilig, aber ich bestellte es, weil Eugene eine ständige Quelle großartiger Ratschläge und Ermutigungen war.

Nestor ist ein Journalist, der ein Leben voller Atemprobleme führte und seine durch mehrere Lungenentzündungen geschwächte Lunge behandeln musste. Sein Arzt empfahl Nestor, eine bestimmte Atemtechnik auszuprobieren. Die Sitzung war so wirkungsvoll, dass Nestor beschloss, verschiedene Arten der Atmung zu erforschen. Seine erste Erfahrung beschreibt er in seinem Buch *Deep*, in dem er eine Reise nach Griechenland beschreibt, wo er Freitaucher interviewte, um zu verstehen, wie diese Männer und Frauen trainieren konnten, bis zu 12 Minuten lang die Luft anzuhalten.

Auf seiner Reise um die Welt entdeckte Nestor, dass die Menschheit die Fähigkeit verloren hat, richtig zu atmen, und dass dies eine Vielzahl von Problemen verursacht. In *Atmen* berichtet er von seinen Erfahrungen beim Ausprobieren verschiedener Atemtechniken, zu denen auch die Wim-Hof-Methode gehört (eine Form der alten Praxis namens Tummo). Nestor teilt seine Erfahrungen und verweist auf die Wissenschaft, die zeigt, wie diese Praktiken die sportliche Leistung steigern, Asthma und Autoimmunerkrankungen stoppen und skoliotische Wirbelsäulen begradigen können, um nur einige der Vorteile zu nennen. Er macht auch deutlich, wie wichtig es ist, durch die Nase zu atmen.

Ich hatte die Nase nur mit dem Riechen in Verbindung gebracht, und da meine immer verstopft ist, war selbst diese Fähigkeit eingeschränkt. Ich hatte nicht bedacht, dass die Nase der eingeatmeten Luft Wärme und Feuchtigkeit hinzufügt, damit sie leichter in die Lunge eindringen kann, und dass sie dabei hilft, Allergene und Fremdkörper herauszufiltern. Außerdem gelangt so mehr Sauerstoff zu den aktiven Geweben und kann die Ruhe, Erholung und Verdauung fördern.

Ich bin schon mein ganzes Leben lang Mundatmer, aber ich hatte keine Ahnung, wie sehr mir das schadet, vor allem, weil es zu meinem bärenhaften Schnarchen beiträgt. Nestors Vorschlag, mit zugeklebten Lippen zu schlafen, klang seltsam und unangenehm, da meine Nase vor dem Schlafengehen immer verstopft ist, selbst wenn ich mit Kochsalzlösung spüle, um sie zu befreien. Ich war nicht sehr zuversichtlich, dass ich mit dem Klebeband einschlafen könnte, aber es war tatsächlich kein Problem. Das Band hat mich nicht nur vom Schnarchen abgehalten, sondern ich bin auch mit einem unglaublichen Gefühl der Ruhe aufgewacht, so ausgeruht, wie ich es noch nie erlebt habe.

Das Lesen des Buches und das Üben der Nasenatmung während des Tages erinnerten mich daran, wie ich es zuerst von Anthony Johnson gelernt hatte. Damals verstand ich die gesundheitlichen Vorteile der Nasenatmung nicht, sondern nur, dass sie mir half, schwierige Yogasitzungen zu überstehen und meine Kardio beim Jiu-Jitsu zu verbessern.

Die Kombination aus Yoga, der gelegentlichen Wim-Hof-Atmung und der Liebe zur Herausforderung hat mir geholfen, in den letzten 5 Jahren eine Atemübung auf niedrigem Niveau zu entwickeln. An manchen Tagen hielt ich 2 Minuten am Stück den Atem an. An anderen Tagen konzentrierte ich mich auf sehr lange und langsame Ausatmungen, während ich in der Sauna saß. Oft vor dem zu Bett gehen, brachte ich mich selbst zum Einschlafen, indem ich absichtlich meine Atmung so stark verlangsamte, dass meine Frau sich Sorgen machte.

Aber obwohl ich mich zur Atemarbeit hingezogen fühlte und *Atmen* mich lehrte, wie kraftvoll die verschiedenen Arten der Atmung sein können, war ich nicht begeistert, eine wöchentliche Online-Atemarbeitssitzung mit Joey Hauss zu machen. Morgens erledige ich so viel Arbeit wie möglich, während mein Sohn oben ist und sein Fernstudium absolviert. Auf einer Matte zu liegen und absolut nichts zu tun, außer zu atmen, fand ich nicht besonders reizvoll.

Joey verstand, warum es mir schwerfiel, mir Zeit für die Atemarbeit zu nehmen, und sagte, das sei eine häufige Sichtweise von Männern und Frauen, die viel unterwegs sind und denken, wenn sie nicht produktiv sind, seien sie nicht nützlich. Joey schlug vor, dass man die Perspektive wechseln sollte. "Denn die Wahrheit ist, dass du etwas sehr Produktives tust", sagte er. "Du bewegst dich vielleicht nicht physisch von Punkt A nach Punkt B, aber du tust es innerlich.

Er versicherte mir, dass man sich die Zeit für Meditation oder Atemarbeit nimmt, um sich selbst zu verbessern. "Abgesehen von der Ruhe und dem Seelenfrieden wird dein Körper besser funktionieren und weniger gesundheitliche Probleme haben", sagte Joey. "Es versetzt dich in einen Zustand des Fließens, in dem du mit viel weniger Aufwand viel mehr schaffst."

Ich war nicht überzeugt von dieser Praxis, aber ich versprach, ihr eine Chance zu geben. In der ersten Hälfte des Kurses konzentriert sich Joey auf die Atmung des Zwerchfells, der Brust, der Rippen und des Rückens, wobei er jeden Punkt einzeln und dann alle zusammen behandelt. Obwohl ich überrascht war, dass es Möglichkeiten der Atmung gab, die mir nicht bewusst waren, fiel es mir sehr schwer, mich zu zwingen, mich zu entspannen und nicht mehr an all die Dinge zu denken, die ich noch erledigen könnte.

Die Schuldgefühle, die ich hatte, weil ich nicht produktiv war, waren am Ende dieser Atemübung wie weggeblasen, mein Geist war ruhig und mein Körper entspannt. Und dann war es Zeit für die Atmung nach der Wim Hof Methode. In der ersten von vier Runden atmeten wir vollständig durch den Bauch ein und ließen ihn wieder los, sodass ein kreisförmiger Fluss für etwa 30 Atemzüge entstand. Nachdem wir den letzten Atemzug losgelassen hatten, hielten wir den Atem etwa eine Minute lang an, dann atmeten wir so tief wie möglich ein und hielten ihn 30 Sekunden lang an. Nach dem Loslassen dieses Atemzugs begannen wir mit der nächsten Runde und verlängerten in jeder der vier Runden die Zeit, in der wir den Atem anhielten.

Obwohl ich diese Art der Atmung schon einmal gemacht hatte, war es bereits eine Weile her, und ich ging wahrscheinlich weiter als zuvor.

Joey hatte davor gewarnt, dass es zu einer Tetanie kommen könnte, das heißt zu einer erhöhten neuronalen Erregbarkeit, die zu einem Kribbeln oder Taubheitsgefühl führen kann, oft in den Händen. Ich erlebte es in meinem Gesicht: Beide Wangen und mein Kiefer fühlten sich elektrisch an. Das Gefühl war interessant, ging aber vorbei, während ich dort lag, und am Ende der Sitzung fühlte ich mich unglaublich gut.

Diese Art des bewussten, tiefen Atmens stimuliert das sympathische Nervensystem und hat sich als hilfreich erwiesen, um Stress abzubauen, den Schlaf und die sportliche Leistung zu verbessern und die Konzentration und Klarheit zu steigern. Ich kann bezeugen, dass ich bei Joeys anderen Online-Kursen ähnliche Ergebnisse erzielt habe und mich am Ende immer besser fühlte als zu Beginn.

Es war die persönliche Sitzung vor dem Eisbad, welche die tiefgreifendste Wirkung auf mich hatte. Da Joey da war, um mich zu überwachen und dafür zu sorgen, dass ich sicher war, konnten wir meine Grenzen ein wenig erweitern und die Atmung vertiefen. In der ersten Hälfte der Sitzung wurde ich geerdet und konnte mich entspannen, bevor wir mit der Wim-Hof-Technik begannen. Die ersten beiden Runden ähnelten dem, was wir online gemacht hatten, aber in den letzten beiden Runden steigerten wir die Atmung auf das Doppelte, Dreifache und Vierfache der Atemfrequenz und hielten den Atem bis zu zwei Minuten lang an.

Nach Abschluss der Atemübungen wies Joey mich an, mich hinzulegen und zu entspannen, während Musik lief. Es war schwer, sich zu entspannen, weil ich das intensive Gefühl hatte, dass eine Million Schmetterlinge in meiner Brust flatterten. Ich konnte auch das unwillkürliche Zittern, das durch meinen Körper ging, nicht stoppen, aber Joey erinnerte mich immer wieder daran, dass das Zittern normal sei und ich es zulassen solle. Das Zittern dauerte während der 4 Minuten des Liedes an, und ich war geistig an einem ganz anderen Ort, als Joey mit dem geführten Meditationsteil seiner Praxis begann.

Während die Atemarbeit mit Joey erstaunlich war, war ich überrascht, wie sehr ich auf seine geführte Meditation reagierte. Ich hatte gelesen, wie sehr Meditation den Menschen helfen kann, mit ihren

Emotionen umzugehen, aber genau wie das Atmen empfand ich Meditation als langweilig und nicht als etwas, das ich gerne tun würde. Ich hatte nicht einmal vor, sie im Buch zu erwähnen, bis ich Joeys Kurs besuchte und mir klar wurde, dass ich mir und meinen Lesern einen schlechten Dienst erweisen würde, wenn ich sie nicht einbezöge.

# # #

Verdammt noch mal. Es ist Mitte April und ich schreibe diesen Abschnitt erst jetzt. Der Plan war, im März ein oder zwei Bücher über Meditation zu lesen und jeden Tag zu meditieren.

An beiden Zielen bin ich gescheitert, obwohl ich *Level Up 108* gekauft habe, die Fortsetzung von Travis Eliots *Ultimate Yogi*, das ich in den letzten 7 Jahren Hunderte von Malen geübt habe. Ich kaufte es wegen der Meditationsstunden, die man jeden Tag machen soll, genau wie beim Yoga. Leider konnte ich mich nicht dazu durchringen, welche zu machen. Nun, ich habe eine gemacht, aber am Schreibtisch. Und ich habe vielleicht ein oder zwei E-Mails gecheckt, während die Stunde lief. Möglicherweise habe ich nachgesehen, wem mein letzter Beitrag gefallen hat. Ich sah, dass es niemand getan hatte. Das hat mich deprimiert.

Sehen Sie, dieser Meditationsscheiß funktioniert nicht.

Ich habe mir eingeredet, dass ich die Meditationskurse sowieso nicht brauche, weil ich schon so viel vom Yoga habe. Die Kombination aus Atemarbeit, Travis' beruhigender Stimme und den Weisheiten, die er in den Kursen vermittelte, versetzte mich in eine bessere mentale Verfassung. Ich war entspannter. In Frieden. Es war genug.

Es wäre ein Leichtes, dies zum kürzesten Abschnitt des Buches zu machen, indem ich sage, dass Meditation nichts für mich war, aber dass man sie wegen X, Y und Z machen sollte. Ich bin ausgebrannt davon, Sachbücher zu lesen und verschiedene Techniken auszuprobieren. Was ich will, ist Zeit, um meine Romane und Kurzgeschichten zu schreiben, alles auf Eis zu legen, damit ich einfach still dasitzen und atmen und etwas tun kann, das sich wie nichts anfühlt.

Da ich nicht als Drückeberger gelten wollte, beschloss ich, einen letzten Versuch mit der Meditation zu unternehmen, aber einen echten Versuch ohne Ablenkung. Ich stellte die Infrarotsauna auf 15 Grad ein, legte die Handtücher hin, zündete meinen Verdampfer an und wurde high, wobei ich den letzten Zug dank meiner verbesserten Lungenkapazität eine Minute halten konnte. (Danke Joey!)

Meine letzte Online-Atemsitzung habe ich nüchtern in der Sauna gemacht, und es war großartig. In der Sauna kann ich am besten über mich selbst nachdenken. Oft sitze ich die ersten 15 bis 20 Minuten in der Stille, egal ob ich nüchtern oder high von Cannabis bin. Ich habe diese Zeit nie als Meditation betrachtet, aber genau das ist es, eine Zeit, in der ich nach innen gehe und mich auf den Atem konzentriere. Das habe ich schon so lange gemacht, dass es einfach zu meiner Routine gehörte.

Ich wählte die Body-Scan-Meditation aus dem Programm *Level Up 108*, weil der Name andeutete, dass ich etwas tun würde. Ich setzte mich aufrecht in eine bequeme Position, begann tief und langsam durch die Nase zu atmen und tat mein Bestes, um Travis' Anweisungen zu folgen, verschiedene Körperteile zu visualisieren, während ich innerlich wiederholte: "Mögest du gesund sein."

Mein knallhartes Ego meldete sich zu Wort und sagte, dass es töricht, ja sogar lächerlich sei, einem Körperteil Gesundheit zu wünschen, indem man ihn mit positiver Energie badet. Das war eines der Probleme, die ich hatte, als ich *Becoming Supernatural* von Dr. Joe Dispenza las. Obwohl er die Wissenschaft und die Kraft der Meditation aufzeigt, fällt es mir aufgrund meiner Konditionierung schwer zu akzeptieren, dass Meditation viel mehr ist als Wunschdenken.

Vielleicht werde ich morgen darüber nachdenken, warum das so ist.

Aber ich stoppte diese Stimme und bedankte mich für seinen Beitrag, sagte, ich sei immer noch entschlossen, es zu versuchen. Ich konzentrierte mich auf meinen Atem und tat, was Travis sagte, und wünschte mir, dass jeder Zentimeter meines Körpers gesund sei. Es spielte keine Rolle, ob ich daran glaubte, dass es funktionieren würde, ich tat es einfach, und am Ende der zehnminütigen Meditation fühlte ich mich so viel besser als zu Beginn der Sitzung.

Ja, ein Teil meiner Euphorie war darauf zurückzuführen, dass ich high war, aber ich bin an 9 von 10 Tagen high und weiß, dass es nicht nur daran lag. Und es stimmt, allein die Atemarbeit hätte mich in eine bessere Lage gebracht, weshalb sie ein wichtiger Bestandteil jeder meditativen Praxis ist.

Die Atemarbeit ist es, die meine geführten Meditationen mit Joey so kraftvoll macht. Die Atmung bereitet den Körper vor und versetzt das Gehirn in einen empfänglicheren Zustand, um neue Informationen aufzunehmen.

"Während der Atemarbeit gehst du auch in verschiedene Teile deines Gehirns", sagte Joey. "Dein präfrontaler Kortex wird ruhiger, sodass das ganze mentale Geplapper verschwindet. Man beginnt, tiefer in die reptilienartigen und säugetierartigen Teile des Gehirns vorzudringen. Oft haben Menschen diese emotionalen Auslöser, weil so viel in unserem Säugetiergehirn gespeichert ist.

Anstatt den Stapel Papiere neben mir in der Sauna aufzuheben und produktiv zu sein, beschloss ich, nichts zu tun und eine andere Meditation zu machen.

Mental Noting. Die Stunde beginnt mit den Worten von Travis: "Meditation wird manchmal als Freundschaft mit der verrückten Person in deinem Kopf beschrieben. Und in dieser Meditation werden wir das üben."

Nach einer kurzen Einführung und einem Körperscan war ich bereits wieder in einem meditativen Zustand und fühlte mich großartig. Das Ziel war es, mich auf meinen Atem zu konzentrieren. Jedes Mal, wenn ein neuer Gedanke auftauchte, registrierte ich ihn und kehrte zu meinem Anker zurück.

An einem Punkt erwähnte Travis, dass man Geräusche wahrnehmen könnte, und ein paar Sekunden später öffnete sich mein Hoftor. Ich nahm es zur Kenntnis und ließ es los, es störte mich nicht im Geringsten, dass sich ein Serienmörder gerade auf mein Grundstück geschlichen haben könnte, um uns abzuschlachten.

Ein Geräusch zu hören und es zu ignorieren war etwas, was ich gut konnte. Manche mögen das dem Alter, der Ehe oder den Kindern zuschreiben, aber ich schreibe das Anthony Johnson zu, der mir das in unseren Yogastunden beigebracht hatte. Gerade als Joey mit der geführten Meditation in meinem Garten begann, ließ mein Nachbar sein Laubgebläse aufheulen. Joey drehte die Musik lauter, aber der Laubbläser übertönte sie. Anstatt mich über den Lärm aufzuregen, lächelte ich, weil ich wusste, dass ich ihn abschalten konnte.

Als Mental Noting endete, fühlte ich mich unglaublich gut und musste feststellen, dass ich mich um etwas Großartiges betrogen hatte. Ich hatte viele Artikel gelesen, in denen Meditation empfohlen wurde. Scott McQuary und Michael Poorman schworen beide darauf. Warum sollte ich nicht jeden Tag meditieren, vor allem, wenn ich sowieso in die Sauna gehe, um zu atmen? Warum nicht die Erfahrung noch besser machen?

Schweißgebadet, mein Geist und mein Körper glühend heiß, begann ich mit einer dritten Meditation, in der ich mich selbst mit liebender Güte testete.

In dieser Stunde sollte ich mir eine Person vorstellen, welche die Liebe in meinem Leben symbolisiert. Ich wählte meine Mutter und spielte mit, indem ich ihr wünschte: "Mögest du gesund sein, mögest du glücklich sein, mögest du in Frieden sein."

Die nächsten Anweisungen forderten den Zuhörer auf, sich in diese Person hineinzuversetzen, sich mit ihren Augen zu betrachten und sich vorzustellen, wie sie sich fühlt. Aus der Sicht meiner Mutter sah ich mich selbst lächeln und Liebe senden, und ich wusste, wie wunderbar sie sich dabei fühlen würde. Wenn jemand fragt, schwöre ich, dass ich geschwitzt habe, aber unter uns gesagt, ich habe vielleicht ein oder zwei Tränen vergossen.

Am Ende der Meditation befand ich mich in völliger Glückseligkeit. Obwohl ich die Sauna für eine Stunde eingestellt hatte, stieg ich 20 Minuten früher aus und begann zu schreiben. Die Meditation war nicht nur gut für meinen Körper und meinen Geist, sondern löste auch eine große Schreibblockade, mit der ich zu kämpfen hatte. Das erinnerte mich an Travis' Spruch: "Indem man nichts tut, beginnt alles zu geschehen".

Am nächsten Tag begann ich gleich am Morgen mit der Meditation. Dreißig Minuten nach dem Aufwachen und nüchtern ging ich in die Sauna und spielte Level Up. Das Meditieren fiel mir nicht leicht, zu sehr war ich mit dem Gedanken beschäftigt, jede Reaktion zu notieren, damit ich sie in dieses Buch aufnehmen konnte. Trotzdem war es eine gute Übung, um mich wieder zu konzentrieren.

Anstatt aufzuhören, merkte ich, dass ich mehr von dem Gefühl wollte, das ich am Vortag gehabt hatte. Ich setzte Mental Noting ein, um dem Hochgefühl nachzujagen, und zweifelte daran, dass ich es erreichen würde. Aber schon nach wenigen Minuten grinste ich, fühlte mich unglaublich und hatte das Gefühl, dass mein Kopf mit wunderschönem weißem Licht gefüllt war.

Am Sonntag hielt ich mich an die gleiche Routine und begann mit der Präsenzmeditation. Die Anweisungen lauteten, immer wieder das Wort "Präsenz" zu sagen, um in den Moment zurückzukehren, aber jedes Mal, wenn Travis es sagte, dachte ich sofort an Weihnachten. Geschenke, Geschenke, Geschenke. Und ich war nicht einmal high. Trotzdem beendete ich die Meditation und fühlte mich besser als vor der Sitzung. Ich war dankbar, dass ich über mein abgelenktes Gehirn lächeln konnte und mich nicht im Geringsten über mich selbst ärgerte, weil ich die Meditation nicht richtig durchgeführt hatte. Die 10 Minuten waren gut investiert.

Am Abend sagte mir meine Frau, dass ich in den letzten Tagen anders gewesen sei, aber auf eine gute Art. Sie sagte, ich wirke so viel glücklicher, leichter, ich lächle viel und habe mehr Spaß.

Ich gab es nur ungern zu, sagte aber, dass das wahrscheinlich an der Meditation lag. So abgedroschen es auch klingen mag, das Nichtstun hat sich ausgezahlt.

Den Rest der Woche beendete ich die anderen Meditationen, bis hin zu Dankbarkeit, bei der Travis sagt: "Wenn Dankbarkeit auftaucht, verschwindet alle Negativität."

Obwohl es mir gelang, für einige Menschen und Dinge Dankbarkeit zu empfinden, war dieser Kurs nur ein Bruchteil so kraftvoll wie die Sitzung mit Joey im Hinterhof, in der er mich in ein Dankbarkeitsvakuum verwandelte und mich dazu brachte, Momente, die ich immer negativ gesehen hatte, neu zu überdenken. Diese Erfahrung hat die Art und Weise, wie ich einige wichtige Lebensereignisse wahrgenommen habe, dauerhaft verändert und mich mit Dankbarkeit erfüllt.

"Dankbarkeit, Vergebung, Wertschätzung, Liebe - das sind nicht nur mentale Konstrukte", sagte Joey. "Es sind körperliche Reaktionen und Gefühle im Körper. Es fühlt sich auf eine bestimmte Weise an, wenn man jemandem aktiv vergibt. Es ist ein bestimmtes Gefühl, wenn man für etwas dankbar ist. Und es ist ein großer Unterschied, ob man denkt, dass man glücklich ist, oder ob man es aktiv im Körper spürt."

Auch wenn ich vielleicht immer ein Problem mit traditioneller Meditation und der verwendeten Sprache hatte, verstehe ich jetzt, wie gut ich mich dabei fühle und dass ich mehr davon will. Zusätzlich zu Joeys wöchentlichem Kurs habe ich vor, alle Meditationskurse von Inner Dimensions auszuprobieren und werde auch weiterhin diejenigen nutzen, die mir am meisten helfen. Meditation wird ein weiteres Werkzeug sein, das mir hilft, ein gesünderes und glücklicheres Leben zu führen.

Ich lasse die Wissenschaft über Meditation außen vor, weil mir klar ist, dass es nicht die Bücher oder das Wissen sind, die mich dazu bringen, Therapietechniken fortzusetzen oder zu beenden. Es ist mir wirklich egal, wie die Dinge funktionieren, ich will nur wissen, wie ich mich dabei fühle. Wenn ich mich dabei gut fühle, dann werde ich mehr davon machen wollen. Wenn es mir keinen Spaß macht, lasse ich es bleiben und suche mir etwas anderes.

Es geht nur darum, herauszufinden, was für einen selbst am besten funktioniert. Wenn Sie genau wissen wollen, warum Meditation funktioniert, dann besorgen Sie sich ein paar Bücher darüber. Wenn Sie mit dem Experimentieren beginnen wollen, gibt es im Internet eine Fülle von kostenlosen geführten Meditationen, und Sie werden sicher etwas finden, das Ihnen zusagt. Vielleicht ist es eine Männerstimme, vielleicht eine Frauenstimme, oder Sie bevorzugen einfach nur Musik. Vielleicht sind Sie bereit für mehr als das und brauchen einfach nur Stille, um Ihre eigene Meditation zu durchlaufen. Wenn Sie eine Form des bewussten Atmens hinzufügen können, ist das sogar noch besser.

Gegenwärtig sein, bewusst sein, achtsam sein. Viele beschreiben diesen Zustand als den Himmel auf Erden und als das, wonach wir streben sollten. Ich möchte Sie ermutigen, es auszuprobieren, denn ganz ehrlich: Wie könnten Sie mit diesen 10 Minuten produktiver sein?

# # #

Es ist endlich an der Zeit, den großen, grauen, glühenden Elefanten im Raum anzusprechen. Richtig, werfen wir einen Blick auf meinen Cannabiskonsum und die Vor- und Nachteile der Substanz, ein Gespräch, das ich regelmäßig mit mir selbst führe. Und mit regelmäßig meine ich täglich. Zumindest seit ich mit dem Schreiben dieses Buches begonnen habe und gezwungen war, einen ehrlichen Blick auf mich selbst zu werfen.

Ich bin nicht hier, um die Pflanze zu verherrlichen oder zu verurteilen, aber sie ist der beständigste meiner Bewältigungsmechanismen, seit ich anfing, traumatische Hirnverletzungen anzuhäufen. Ich werde nicht behaupten, dass ich Cannabis nur wegen der Schädel-Hirn-Verletzungen und den daraus resultierenden Symptomen konsumiere, aber mein stärkster Konsum fällt mit den Jahren zusammen, in denen ich in Football, MMA und Boxen involviert war, und mit den Nachwirkungen dieser Verletzungen.

Meine erste Erfahrung mit Cannabis machte ich in meinem zweiten Jahr an der High School, als ich mit meinem Kumpel Marc auf einer Party war. Wir waren beide eher klein und wurden beim Footballtraining ziemlich vermöbelt. Außerdem hatten wir im letzten Jahr ziemlich viel getrunken. Nach diesem ersten Mal war ich immer auf der Suche, um herauszufinden, wer noch rauchte und an Drogen kommen konnte. Wenn wir Glück hatten, konnten wir uns an den

Wochenenden zudröhnen. Ein Jahr später rauchte ich, wann immer es möglich war. In meinem letzten Schuljahr war es fast täglich.

In den ersten beiden Jahren nach der Highschool ging mein Konsum etwas zurück, wenn ich nicht gerade Football spielte, aber an der Brown wurde ich zum religiösen Raucher und verbrachte dort einen Großteil meiner Zeit high, wenn ich nicht gerade Gewichte stemmte oder trainierte. Nach dem College gab es ein paar Jahre, in denen ich nur gelegentlich rauchte, aber sobald ich mit dem Kämpfen anfing, nahm ich täglich Cannabis, in der Regel nachts, damit ich besser schlafen konnte. Ich habe zwar einige schlechte Entscheidungen getroffen, als ich high war, aber ich bin mir sicher, dass ich nüchtern genauso viele getroffen habe und wahrscheinlich zehnmal so viele, wenn ich betrunken war.

Einer der wichtigsten Gründe, warum ich Cannabis liebe, ist, dass es meine Kreativität erheblich gesteigert hat. Abgesehen von ein paar kleinen Unterbrechungen ist alles, was ich geschrieben habe, einschließlich dieses Buches, von diesem Ort aus entstanden. Ich wollte nie, dass es eine Krücke ist, etwas, das ich brauche, um zu schreiben; aber wenn Cannabis hilft, den Prozess zu beschleunigen und mich in die für mich ideale Schaffensphase zu versetzen, warum sollte ich es dann nicht nutzen?

Legalität und Moral sind zwei der Gründe, die gegen den Konsum von Cannabis sprechen könnten. Obwohl Cannabis derzeit in Kalifornien legal ist, war es das in den ersten 25 Jahren, in denen ich es konsumiert habe, nicht. Seit 1937 ist es auch auf Bundesebene illegal, und 1970 stuften die Bundesbehörden es als Schedule-1-Droge ein, was bedeutet, dass es keinen akzeptablen medizinischen Nutzen hat und zusammen mit Heroin zu den Drogen mit dem höchsten Missbrauchspotenzial gehört.

Ich werde nicht auf die fragwürdigen Gründe eingehen, warum Cannabis überhaupt verboten wurde, aber ich werde sagen, dass die Einstufung in die Liste 1 und die Behauptung der Regierung, sie wolle uns schützen, lächerlich sind. Was ist mit Alkohol? Wie sieht es mit

Zigaretten aus? Fast Food? Diät-Soda? Es geht nicht um unsere Gesundheit.

Ändert sich jetzt, da die Staaten Cannabis endlich legalisieren, die Frage, ob es moralisch vertretbar ist, es zu konsumieren? Wie kann etwas an einem Tag falsch und am nächsten Tag völlig in Ordnung sein, nur weil der Gesetzgeber das gesagt hat? Das hat für mich nie einen Sinn ergeben und war nie eine Überlegung, wie ich mein Leben lebe.

Seit ich vor drei Jahren begonnen habe, für dieses Buch ein Tagebuch zu führen, hatte ich eine 40-tägige Pause, zwei 5-tägige Pausen und ein paar Tage hier und da, an denen ich nicht high war. Sagen wir 55 freie Tage von den letzten 1.100. Und das, obwohl Dr. Alison Gordon mir sagte, ich solle einmal im Monat 7 Tage am Stück pausieren.

Wenn ich mir das Tagebuch ansehe, kann ich gut erkennen, wie sehr mein Cannabiskonsum zurückgegangen ist, auch wenn die Anzahl der Tage das nicht widerspiegelt. Die Hormonregulierung, die Teil des Protokolls von Dr. Gordon ist, hat meinen Konsum um die Hälfte reduziert, sodass ich nicht den ganzen Tag über Cannabis konsumieren musste. Die Kombination aus NUCCA und Neurofeedback hat die Menge noch einmal halbiert, und im letzten Jahr habe ich nur noch selten vor 17 Uhr Cannabis konsumiert und auch nicht annähernd die Menge, die ich vorher gebraucht hatte.

Die Therapiesitzungen mit Mark Harris halfen mir zu verstehen, warum ich Cannabis konsumierte und ob es als Sucht betrachtet werden sollte; die Hauptfrage war, ob es sich negativ auf mein Leben auswirkte. Obwohl Selbsteinschätzungen natürlich voreingenommen sind, hatte ich viele Gespräche mit meiner Frau, die mir half, meinen Cannabiskonsum zu untersuchen, und wir kamen immer zu der gleichen Antwort, dass er für mich eher nützlich als schädlich war.

Wenn ich Cannabis konsumiere, werde ich sehr selbstreflektiert, und eines der ersten Dinge, die ich tue, ist, mich bei meiner Familie für alles zu entschuldigen, was ich im Laufe des Tages hätte anders machen können. Ob es nun die Art und Weise war, wie ich mit ihnen geredet habe, oder etwas, das ich hätte besser machen können, das Cannabis hilft mir, mich selbst besser zu betrachten.

Das Cannabis hat mir auch sehr bei meinen Ängsten, Depressionen und meiner emotionalen Stabilität geholfen, meinen drei größten Problemen im Zusammenhang mit meinem Schädel-Hirn-Trauma. Cannabis hebt durchweg meine Stimmung und lindert die körperlichen Schmerzen erheblich. Und da ich mich an Sorten halte, die eine Energie-fördernde Wirkung haben, wirkt sich das Cannabis nicht negativ auf meine Arbeit aus und erhöht im Allgemeinen meine Produktivität. Ich muss Sie daran erinnern, dass die Vorteile und Gesundheitsrisiken dieser in der Liste 1 aufgeführten Droge nur sehr wenig erforscht sind, also recherchieren Sie bitte selbst, um herauszufinden, was Ihrer Meinung nach wahr ist. Es liegt an jedem Einzelnen, sich über mögliche Nebenwirkungen zu informieren.

Das Besorgniserregendste, was ich über die langfristigen Auswirkungen des Cannabiskonsums gelesen habe, steht in Dr. Amens *Das Ende der Geisteskrankheit*. Im Jahr 2016 veröffentlichten Dr. Amen und seine Kollegen eine Studie mit mehr als 1.000 Cannabiskonsumenten, die zeigte, dass der Blutfluss in fast jedem Teil ihres Gehirns geringer war als in den Gehirnen von Nichtkonsumenten. Der Blutfluss war im rechten Hippocampus, der mit Alzheimer und Gedächtnisverlust in Verbindung gebracht wird, deutlich verringert.

Zwei Jahre später veröffentlichten sie die bisher größte Studie zur Bildgebung des Gehirns, die zeigte, dass Cannabis mit einer beschleunigten Alterung des Gehirns verbunden ist. Sie fanden heraus, dass Cannabiskonsum 2,8 Jahre beschleunigte Alterung verursacht, während Alkohol nur 0,6 Jahre ausmachte.

Trotz dieses Wissens habe ich mich entschieden, es weiter zu konsumieren. Zum Teil, weil wir sowieso sterben werden, warum also nicht das bestmögliche Leben führen. Wenn mein tägliches Leben durch Cannabis verbessert wird, dann ist es für mich in Ordnung, am Ende den Preis zu zahlen. Es ist auch unglaublich schwer, mir etwas auszureden, wenn ich so gut damit funktioniert habe, einschließlich der Tests, denen ich mich in der Cleveland Clinic und bei Vital Head and Spinal Care unterzogen habe, ganz zu schweigen von den Hunderten von Interviews, die ich unter Drogeneinfluss geführt habe.

Obwohl ich in der Cleveland Clinic keine Nüchterntests gemacht habe, um die Ergebnisse mit denen zu vergleichen, die ich im Rausch gemacht habe, habe ich dies gegen Ende meines Neurofeedback-Trainings bei Vital Head and Spinal Care getan. Auf dem Bild links war ich nüchtern und hatte seit 12 Stunden kein Cannabis mehr konsumiert. Das rechte Bild ist vom nächsten Tag, als ich ziemlich high war, nachdem ich eine Stunde vor dem Test 40 mg Sativa konsumiert hatte. (Bild am Ende des Buches Tests und Scanns)

Die IVA-2-Ergebnisse zeigen, dass meine Aufmerksamkeit ein wenig gestiegen ist, aber meine Reaktionskontrolle abgenommen hat. Der Anstieg der Hyperaktivität reichte auch aus, um mich wieder in den ADHS-Bereich zu bringen.

Einer der anderen Gründe, warum es mir schwerfällt, mit dem Konsum aufzuhören, ist, dass ich jedes Mal, wenn ich aufhöre, ein wenig reizbarer und unruhiger werde und Schlafprobleme habe. Da ich mich schuldig fühle, dass ich die ärztlichen Anordnungen nicht befolgt habe, und weil ich dachte, das würde mir helfen, diesen Abschnitt zu schreiben, habe ich gerade eine 4-tägige Pause eingelegt. Eigentlich sollten es 7 sein, aber ich bin ein Profi im Rationalisieren meiner Abhängigkeiten und habe beschlossen, sie abzukürzen.

Da ich befürchtete, ohne THC zu reizbar zu werden, nahm ich nachts CBD, den nicht psychoaktiven Teil von Cannabis, der viele positive Eigenschaften hat, darunter neuroprotektive, entzündungshemmende und angstlösende Eigenschaften ohne den Rausch. Aber selbst mit CBD waren die ersten beiden Nächte schrecklich. In der dritten Nacht war es besser und in der vierten Nacht war mein Schlaf wieder normal.

Trotz des schlechten Schlafs war ich den ganzen Tag über gut gelaunt und hatte nie das Bedürfnis nach Cannabis. Wenn meine übliche Zeit zum Kiffen kam, war ich nicht sehr versucht, es zu nehmen, und ich hatte nicht das Gefühl, etwas zu verpassen. Sicher, die Videospiele mit meiner Frau haben dadurch etwas weniger Spaß gemacht, aber ich habe auch weniger nächtliche Snacks gegessen.

Gestern Abend habe ich beschlossen, meine Pause zu unterbrechen. Ich habe nicht so viel konsumiert wie sonst, aber es hat meine Stimmung verbessert. Es war schön zu erkennen, dass das Cannabis so oder so keinen großen Unterschied gemacht hat, und es besteht die Möglichkeit, dass ich es von nun an nicht mehr so häufig konsumieren werde.

Ein Teil von mir hat das Gefühl, dass ich Cannabis aufgeben und bei CBD bleiben sollte, zusammen mit Yoga, Meditation, Atemarbeit und Kälteexposition zur Stimmungsaufhellung. Ich wünschte, ich hätte die Willenskraft von Wim Hof, der sagt: "Werde high von deinem eigenen Vorrat", aber ich kann auch faul sein und will den sofortigen Kick. Ich mag es auch, diese positiven Erfahrungen mit Cannabis zu intensivieren, und die Sorge, meinen kreativen Vorteil zu verlieren, ist etwas, das ich in Betracht ziehen muss.

Abschließend noch ein Wort der Warnung. Ich bin kein Wissenschaftler, Arzt, Gesundheitsexperte oder ein Vorbild. Ich bin nur ein Mann, der versucht, seinen besten Weg durchs Leben zu finden, und was für mich funktioniert, bedeutet nicht, dass es auch für Sie funktioniert. Recherchieren Sie selbst und treffen Sie Ihre eigenen Entscheidungen, um ein hervorragendes Leben zu führen.

Kapitel Dreizehn

Ursprünglich hatte ich nicht in Erwägung gezogen, Psychedelika in dieses Buch aufzunehmen. Aber ich änderte meine Meinung, nachdem ich Michaels Pollans Buch *How to Change Your Mind* und unzählige Artikel über die Studien gelesen hatte, welche die vielversprechenden Ergebnisse von Psychedelika auf die Gesundheit des Gehirns zeigen. Ich hatte nur begrenzte Erfahrungen mit diesem Thema, aber mein einmaliger DMT-Trip (N,N-Dimethyltryptamin) war absolut unglaublich, eine der schönsten Erfahrungen, die ich je gemacht habe.

Da ich mich noch in der Neurofeedback-Phase befand, fragte ich Dr. Licata nach seiner Meinung über die Vorteile von Psychedelika. Er stimmte zwar zu, dass Psychedelika ein großes Potenzial haben, erinnerte mich aber auch an meine Impulsivität und die Versuchung, meinem Gehirn alles Mögliche zuzumuten. Dr. Licata sagte, mein Gehirn brauche Zeit, um sich allmählich zu rehabilitieren und die positiven Veränderungen dauerhaft zu machen, und er wiederholte, was Pollan in seinem Buch erwähnt hatte, nämlich dass der Konsum von Psychedelika ein Risiko für Menschen mit Problemen der Gehirngesundheit darstellt.

Ich war klug genug, Dr. Licatas Rat anzunehmen, und verbrachte die letzten anderthalb Jahre damit, mich zu einem körperlich und geistig viel glücklicheren und gesünderen Menschen umzugestalten. Erst als ich mit der Atemarbeit und der Kälteexposition mit Joey Hauss begann, kamen die Psychedelika wieder ins Blickfeld. Während wir über Joeys Weg und sein bevorstehendes Buch zur Selbstverbesserung sprachen, erzählte er, wie sehr ihm die Pflanzenmedizin geholfen hat. Ich bat ihn, einen Plan zu entwerfen, dem ich folgen könnte.

Zuerst würde ich eine hohe Dosis Cannabis-Esswaren zu mir nehmen. Ein paar Tage später würde ich Magic Mushrooms (Psilocybin) nehmen. Der dritte Trip würde LSD sein, der vierte DMT, und den Abschluss würde Ayahuasca bilden.

Gerade als ich diese Erfahrungen plante, wurde mir klar, dass ich sie aus den falschen Gründen machen wollte. So schwer es mir auch fiel, dies zuzugeben, wollte ich mit diesem psychedelischen Abenteuer Spaß haben und meinen Geist erforschen, und nicht, weil ich sehen wollte, wie sie meinen SHT-Symptomen helfen würden, die sich auf einem absoluten Tiefpunkt befanden.

Aufgrund der Kosten, des Zeitaufwands für die Recherche und das Schreiben, des Risikos, das mit der Beschaffung der Psychedelika verbunden ist, und des geringen Risikos, das mit ihrem Konsum verbunden ist, habe ich beschlossen, das Thema nicht in dieses Buch aufzunehmen. Ich werde es wahrscheinlich weiter erforschen, da ich glaube, dass es sich lohnt, psychedelische Drogen als potenziell mächtiges Werkzeug zu erforschen.

Ich hatte auch geplant, über Akupunktur und Floating-Sitzungen mit sensorischer Deprivation zu schreiben, da beide Methoden bei mir gut funktionieren und zur Stimmungsaufhellung und -stabilität beitragen. Wie ich bereits in einem früheren Kapitel erwähnt habe, war ich versucht, einen SPECT-Scann in der Amen-Klinik durchzuführen und die hyperbare Sauerstoffbehandlung (HBOT) auszuprobieren, die Dr. Amen für SHT empfiehlt.

Es gab noch eine ganze Reihe anderer Dinge, die ich in diesem Buch besprechen wollte, die ich aber aus Kosten- und Zeitgründen, wegen mangelnder Verfügbarkeit dank COVID-19 und aus der Erkenntnis heraus, dass wir nur sehr wenig für uns selbst tun können, weggelassen habe. Wir müssen auf jeden Fall proaktiv sein, aber sobald wir ein zufriedenstellendes Niveau der Gehirngesundheit erreicht haben, sollten wir uns darauf konzentrieren, dieses zu erhalten. Ich werde immer etwas für mein Gehirn tun, aber das Streben nach noch mehr Verbesserung ist vorbei.

Da ich mich selbst am meisten kritisiere, muss ich mich daran erinnern, dass ich nicht faul oder unkonzentriert bin. Es geht darum, das zu tun, was für meine allgemeine Gesundheit und mein geistiges Wohlbefinden richtig ist. Ständig zu versuchen, einen Bereich meines Lebens zu verbessern, indem ich andere vernachlässige, ist nicht das, was ich will. Ich wünsche mir ein Gleichgewicht, und ein großer Teil dieses Gleichgewichts besteht darin, mich wieder der Belletristik zuzuwenden, meiner wahren Leidenschaft, die ich wegen dieses Projekts weitgehend vernachlässigt habe.

Außerdem möchte ich dieses Buch hinter mir lassen, damit ich mich darauf konzentrieren kann, das Leben zu genießen. Heute haben wir den achten Geburtstag meines Sohnes gefeiert und hatten einen tollen Tag. Während ich so tat, als wäre ich ein Hai, der Jake und seinen Freunden hinterher schwimmt, dachte ich an Michael Poormans Tochter O'Shen, die mir empfahl: "Genieße die guten Tage, denn du weißt nie, wie viele du haben wirst."

Ich habe heute viel nachgedacht, habe mich daran erinnert, wie ich im Hinterhof geweint habe, wie ich mich mit meiner Frau gestritten habe, wie ich durchgedreht bin, als ich mir Videos von Boxern mit zertrümmerten Gehirnen angesehen habe, und wie ich mich langsam mit der Tatsache abgefunden habe, dass ich einen Hirnschaden habe, weil ich mich in gefährliche Situationen begeben habe. Es ist schwer, sich vorzustellen, diese miserable Version von mir selbst zu sein, und ich kann nicht umhin, mich zu fragen, wo ich wäre, wenn ich die Reise nicht angetreten hätte, wenn ich nicht infrage gestellt hätte, ob es mir so gut geht, wie ich dachte.

Ich bin nicht melodramatisch, wenn ich sage, dass ich nicht weiß, wie ich diese Pandemie überstanden hätte, wenn ich nicht alles getan hätte, was ich getan habe. Man kann nicht sagen, was passiert wäre, aber die Chancen stehen gut, dass ich tot, geschieden oder im Gefängnis gelandet wäre, auf jeden Fall in einer viel schlechteren Lage als jetzt.

Obwohl ich mich also über den Zeitaufwand und die emotionale Belastung beim Schreiben dieses Buches beschwere, werde ich für immer dankbar sein, dass ich mich diesem Prozess unterzogen habe.

Ich bin Brian Esquivel unglaublich dankbar dafür, dass er mich zum ersten Mal auf Hirnschäden aufmerksam gemacht und mich gewarnt hat, dass ich von Sportlern, die halb so alt sind wie ich, verprügelt werde. Außerdem bin ich Brian dankbar, dass er mich durch die Joe Rogan Experience-Podcast-Episode auf Dr. Mark Gordon aufmerksam gemacht hat.

Nichts von alledem wäre möglich gewesen ohne meine Frau Jen, die meine Entscheidung, dieses Buch zu schreiben, unterstützt und mich in meinen dunkelsten Momenten ermutigt und geliebt hat.

Ich bin dankbar für meine Schwester Mary, die von Anfang an an der Entstehung dieses Buches beteiligt war und die mir empfohlen hatte, mir Vital Head and Spinal Care anzusehen. Das hat nicht nur einen großen Anteil an meiner Genesung, sondern auch an der unglaublichen Kehrtwende meiner Mutter, die dadurch hoffentlich vor einer Demenzerkrankung bewahrt wird.

Ich bin Russell Longo sehr dankbar, dass er mir zu Beginn dieses Projekts die richtige Richtung gewiesen und mir Hoffnung gegeben hat, dass das Gehirn in eine positive Richtung verändert werden kann.

Mein aufrichtiger Dank gilt allen Ärzten und Freunden, die mir geholfen haben, mein Gehirn zu rehabilitieren und meinen Körper zu heilen. Ich bin auch dankbar für all die Bücher und Apps, die das Lernen und Ausprobieren neuer Dinge so viel einfacher gemacht haben.

Ich bin auch dankbar für all die Menschen, die mir in den letzten Jahren geschrieben haben und mir anvertraut haben, wie traumatische Hirnverletzungen ihr Leben verändert haben. Neben Michael Poorman und Scott McQuary, die mir ihr Leben und ihr Zuhause geöffnet haben, haben mir Menschen aus der ganzen Welt geschrieben, wie es ihnen mit ihrem Gehirn geht und wie froh sie sind, dass ich über meine Genesung berichte. Das sind die Menschen, für die ich dieses Buch geschrieben habe, vor allem, nachdem ich ein stabiles emotionales Niveau erreicht hatte und das Gefühl hatte, dass ich das Schreiben nicht fortsetzen musste.

Es ist unmöglich zu wissen, wie sich die eigene Geschichte und die eigenen Worte auf eine andere Person auswirken, aber ich wünsche Ihnen, dass Sie beim Lesen dieses Buches den gleichen Nutzen haben, den ich bei der Recherche und beim Schreiben des Buches hatte.

Der wichtigste Schritt besteht darin, eine ehrliche Selbsteinschätzung vorzunehmen. Überlegen Sie wirklich, wer Sie sind, wo Sie geistig stehen und ob Ihre Vorstellung davon, wie gut oder normal Sie sind, mit Ihrer Einschätzung übereinstimmt. Dazu gehört auch, dass Sie Freunde und Familienmitglieder bitten, Sie ebenfalls zu beurteilen und zu fragen, wie sie Sie und Ihre Symptome einschätzen würden.

Denken Sie daran, Ihre Gehirngesundheit durch die drei von Dr. Licata genannten Fenster zu betrachten: biochemisch, mental und physisch. Wir sind komplexe Lebewesen und es ist wichtig, keinen Teil zu vernachlässigen.

Akzeptieren Sie, was Dr. Alison Gordon mir gesagt hat, nämlich dass die Suche nach der Gesundheit des Gehirns eine Reise ist und keine Eins-zu-Eins-Lösung. Genauso wie Sie Ihren Körper gesund erhalten müssen, damit er nicht verfällt, muss auch Ihr Gehirn ständig gepflegt werden.

Machen Sie sich bewusst, wie wichtig Bewegung, Schlaf und Ernährung sind, und verpflichten Sie sich, diese Bereiche nach besten Kräften zu verbessern.

Machen Sie sich klar, dass Sie nur dann wirklich wissen, wo Ihr Gehirn steht, wenn Sie es mit einer funktionellen Bildgebungsstudie wie einem SPECT-Scann oder einem qEEG testen. Ebenso wichtig ist es, Ihre Hormone und emotionalen Reaktionen zu testen.

Finden Sie sich damit ab, dass Sie bei den neuen Aktivitäten, Hobbys und Sportarten, die Sie in Ihre tägliche Routine aufnehmen, nicht der Beste sind. Nehmen Sie die Herausforderung an, etwas Neues auszuprobieren, und versuchen Sie, es mit einem kindlichen Interesse zu tun. Machen Sie sich klar, dass es nur darum geht, die Aktivität auszuüben, nicht sie zu beherrschen.

Überfordern Sie sich nicht. Es sind all die kleinen Dinge, die einen großen Unterschied machen. Sie müssen keine 90-Tage-Programme oder 30-Tage-Reinigungen absolvieren und nicht jeden Tag eine Sprache üben. Machen Sie es, wie Joey Hauss vorgeschlagen hat, und halten Sie die Dinge überschaubar und realistisch. Finden Sie heraus, was Sie glücklich, ruhig und stabil macht, und wechseln Sie die Dinge ab. Ich weiß nie, wie mein Tag verlaufen wird, aber ich weiß, dass ich mindestens ein oder zwei positive Dinge einbauen werde.

Erkennen Sie alle positiven Bewältigungsmechanismen, die Sie bereits haben, und werden Sie sich der negativen bewusst, die Sie verbessern können. Yoga, Atmung, Jiu-Jitsu, Cannabis, Gespräche mit Freunden, Schreiben und ein Podcast - all das waren Dinge, die ich vor dieser Untersuchung getan habe und die mich einigermaßen bei Verstand gehalten haben, ohne dass ich es gemerkt habe.

Seien Sie freundlich zu sich selbst, wenn Sie in der Vergangenheit Fehler gemacht haben, und machen Sie weiter, indem Sie die Verantwortung für Ihre Fehler übernehmen und diejenigen, die Sie verletzt haben, um Vergebung bitten. Vertrauen Sie anderen, vertrauen Sie sich ihnen an und machen Sie sich keine Sorgen, dass Sie ihnen zur Last fallen oder sie verängstigen könnten.

Leben Sie jeden Tag so gut Sie können. Bleiben Sie positiv. Machen Sie weiter. Dies könnte der härteste Kampf sein, den Sie je hatten, aber machen Sie weiter. Zeigen Sie Eigeninitiative. Nehmen Sie Hilfe an. Machen Sie dieses Leben so schön wie möglich.

Selbst wenn ich an CTE oder einer anderen Form von Demenz erkranken sollte, habe ich meinen Frieden damit gemacht. Wenn es dazu kommt, werde ich meine Bewältigungsmechanismen verstärken und das Beste daraus machen. Aber wenn nur der gegenwärtige Augenblick zählt, sind Vergangenheit und Zukunft unwichtig. Warum sollte ich mich über etwas aufregen, das vielleicht nie eintritt? Alles, was ich anstreben muss, ist ein guter Tag heute, in diesem Moment. Wenn Ihr Tag mit guten Momenten gefüllt ist, dann ist das ein guter Tag. Wenn Ihr Leben voller guter Tage ist, dann ist es ein gutes Leben.

Wenn Sie etwas aus diesem Buch gelernt haben, hoffe ich, dass Sie dazu beitragen werden, es weiterzugeben und das Bewusstsein dafür zu schärfen. Sie wissen vielleicht nicht, wer in Ihrem Leben das Gefühl hat, dass etwas nicht stimmt, aber nicht sagen kann, was es ist. Schämen Sie sich nicht für Ihre persönlichen Kämpfe, denn die Person neben Ihnen kämpft vielleicht im Stillen mit ähnlichen Dämonen. Machen Sie die Welt zu einem besseren Ort, indem Sie Ihre Geschichte erzählen.

Vergessen Sie nicht, auf Ihre Angehörigen zu achten, die in Kontaktsportarten, Unfälle oder das Militär involviert sind oder die irgendeine Art von Schlag auf den Kopf oder ein emotionales Trauma erlitten haben.

Möge Ihr Leben mit Gesundheit, Glück und Hoffnung erfüllt sein.

REZENSION

Wenn Ihnen dieses Buch gefallen hat, hoffe ich, dass Sie sich einen Moment Zeit nehmen und eine kurze Rezension schreiben. Als unabhängiger Autor sind Mundpropaganda und Rezensionen unglaublich hilfreich. Egal, ob Sie einen oder fünf Sterne vergeben, eine ehrliche Rückmeldung ist mir sehr wichtig.

Und wenn Sie auf Goodreads oder BookBub sind, folgen Sie mir bitte. Ich glaube, der Fachausdruck lautet Folgen, aber ich lebe von der Angst, und was kann diese besser verstärken als der Gedanke, dass mich Tausende von Fremden verfolgen. Außerdem werden Sie auf alle meine neuen Bücher und Angebote aufmerksam gemacht. Klingt nach einer für beide Seiten vorteilhaften Lösung.

Um eine Rezension auf Goodreads zu hinterlassen - https://bit.ly/2EDs2zV
Um mir auf Bookbub zu folgen - https://bit.ly/2ZDjMHB
Um sich für meinen Newsletter anzumelden - https://bit.ly/3qnNX1q
Vielen Dank

QUELLEN

Dr. Norman Doidge - *Das Gehirn, das sich selbst verändert*
Dr. Matthew Walker - *Warum wir schlafen: Die Macht des Schlafs und der Träume erschließen*
Dr. Christopher Nowinski - *Kopfspiele*
Dr. Daniel Amen - *Das Ende der Geisteskrankheit*
Wim Hof - *Die Wim-Hof-Methode: Aktivieren Sie Ihr volles menschliches Potenzial*
James Nestor - *Atmen*
Adrian Raine - *Die Anatomie der Gewalt*

Hier sind die von mir erwähnten Websites:
Stiftung für das Vermächtnis der Gehirnerschütterung - https://concussionfoundation.org
Cleveland-Klinik - https://my.clevelandclinic.org/

Hier sind die Studien, die erwähnt wurden:
1 Daniel G. Amen et al., "Discriminative Properties of Hippocampal Hypoperfusion in Marijuana Users Compared to Healthy Controls: Implications for Marijuana Administration in Alzheimer's Dementia", *Journal of Alzheimer's Disease* 56, no.1 (2017) 261-73
2 Daniel G. Amen et al. "Patterns of Regional Cerebral Blood Flow as a Function of Age throughout the Lifespan" Journal of Alzheimer's Disease 65, no.4 (2018): 1087-92

DANKSAGUNGEN

Ich möchte meinen Redakteuren Mary Nyeholt und Michael Tullius für ihre Hilfe bei der Zusammenstellung dieses Buches danken. Ohne sie wäre ich verloren gewesen, und ich bezweifle, dass ich diese Reise ohne sie fortgesetzt hätte.

Ich möchte mich auch bei allen Ärzten und medizinischen Fachkräften bedanken, die mir bei meinen Recherchen und meiner Genesung geholfen haben.

Auf den folgenden Seiten habe ich Informationen über jede dieser Gruppen zusammengestellt, in der Hoffnung, dass sie Ihnen weiterhelfen können.

CONCUSSION
↑ LegacyFoundation

Verpflichten Sie sich, Ihr Gehirn zu spenden:
Schließen Sie sich Mark an und verpflichten Sie sich, Ihr Gehirn
der Concussion Legacy Foundation zu spenden, oder melden Sie sich
für die Teilnahme an klinischen Forschungsstudien an, solange Sie
noch leben. Ihre Teilnahme kann dazu beitragen, unser Verständnis
von Gehirnerschütterungen, CTE und anderen Folgen von Kopfstößen
zu verbessern.
Registrieren Sie sich unter PledgeMyBrain.org

**Unterstützen Sie die Concussion Legacy Foundation mit einer
Spende:**
Die Concussion Legacy Foundation ist führend im Kampf gegen
Gehirnerschütterungen und CTE und setzt sich dafür ein, das Leben
der Betroffenen zu verbessern. Von wichtigen Ressourcen für
Patienten und Familien bis hin zu Forschungs- und
Bildungsprogrammen für eine sicherere Zukunft - Ihr Beitrag macht
einen Unterschied.
Unterstützen Sie die Mission unter
ConcussionFoundation.org/Give

Das Programm für psychische Gesundheit des Millennium Health Centers

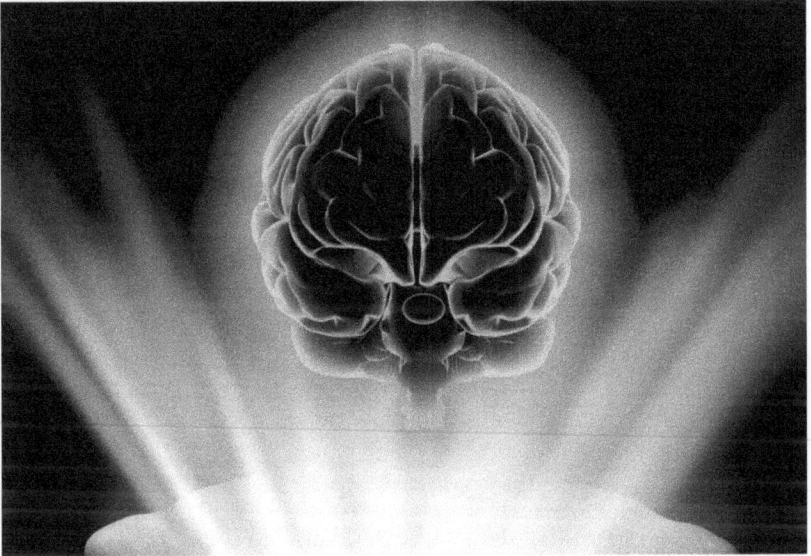

Das Millennium-Protokoll spielte eine entscheidende Rolle bei der Wiederherstellung meiner psychischen Gesundheit. Ich empfehle die Ärzte Mark Gordon und Alison Gordon sehr und bin der Meinung, dass die Hormonregulierung einer der ersten Schritte in Ihrem Heilungsprozess sein sollte.

https://tbihelpnow.org/

Vital Kopf- und Wirbelsäulenpflege

Olivia Tullius, Mark Tullius, Giancarlo Licata, DC, qEEG-D

Trainieren Sie Ihr Gehirn, verändern Sie Ihr Leben

Sie können Ihr ADHS, Ihre Angstzustände und Ihr Gedächtnis in 12 Wochen messbar verbessern, sodass Sie sich besser fühlen und intelligenter arbeiten können - in der Schule und bei der Arbeit.

Unsere Personal Brain Trainer können Ihnen mithilfe von fortschrittlichen Gehirntests und Neurofeedback-Technologie helfen, Ihr Gehirn zu stärken, um sich besser zu konzentrieren, Ängste abzubauen und Gedächtnisverluste zu verhindern.

https://www.vitalheadandspine.com

Joey Hauss

Joey ist ein zertifizierter Level 2 Wim Hof Method Instructor, Breathwork Facilitator, Black Belt in Brazilian Jiu-Jitsu unter Jean Jacques Machado, Evolving Out Loud Speaker und Team Member und ehemaliger US Marine Sergeant. Er bringt einen charmanten, lustigen und authentischen Ansatz in jede einzelne Lektion.

https://www.joeyhauss.com

Die Wim Hof Methode

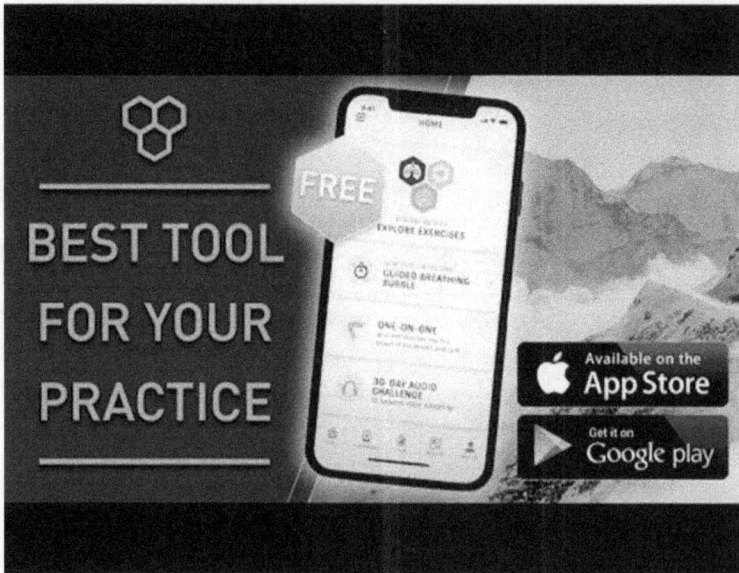

Nehmen Sie Wim mit, wohin Sie gehen

Die WHM-App ist intuitiv bedienbar, wurde auf der Grundlage von Nutzerrückmeldungen entwickelt und ist vollgepackt mit Funktionen. Sie ist der ultimative Begleiter für Ihre Praxis.

Holen Sie sich die kostenlose Basisversion, oder abonnieren Sie sie, um eine Fülle von Premium-Funktionen freizuschalten. Laden Sie die App aus dem Apple oder Google Play Store herunter und beginnen Sie noch heute mit Ihren Übungen!

https://www.wimhofmethod.com

VITAL
BRAIN & SPINE

Dr. Radwanski ist die Gründerin und Inhaberin von Vital Brain & Spine. Sie hat sich eingehend mit der Komplexität der kraniozervikalen Verbindung und den Auswirkungen einer Fehlstellung auf das Gehirn befasst, die zu Schwindel, chronischen Kopfschmerzen (oft in Verbindung mit dem hartnäckigen Post-Concussion-Syndrom) und chronischen Schmerzen führt.

NUCCA kombiniert modernste Technologie, spezifische Messungen und sanfte, präzise Korrekturen.

Ihr Ansatz führt zu tief greifenden Ergebnissen bei der Beseitigung Ihrer Schmerzen.

https://www.vitalbrainandspine.com/

Ein wichtiger Dokumentarfilm

Dies ist ein hervorragender Dokumentarfilm, den sich jeder
ansehen sollte.

https://quietexplosions.com

TESTS UND SCANS

IVA-2 Standard Scale Analysis

Name: Tullius, Mark

Test Date: 8/6/2018 9:32 AM   Age: 46   DOB: 8/19/1972   Sex: M   On Meds: U

Highest Education: Examiner ID: Unknown

F8 Attention Quotient = 96		F8 Response Control Quotient = 97	
Auditory	Visual	Auditory	Visual
AQ = 81	AQ = 110	RCQ = 91	RCQ = 104

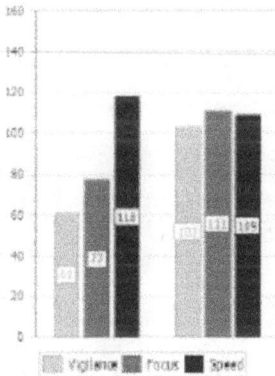

Legend: Vigilance, Focus, Speed

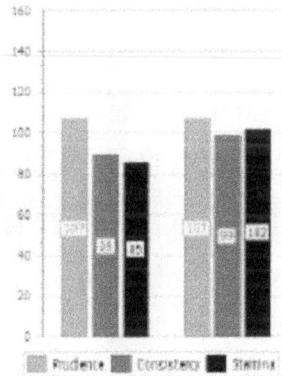

Legend: Prudence, Consistency, Stamina

Sustained Auditory Attention Quotient = 77   Sustained Visual Attention Quotient = 106

Auditory Response Validity Check: Valid

Visual Response Validity Check: Valid

Attention Factor: Positive   Impulsive Hyperactivity Factor: Positive

IVA-2 Standard Scale Analysis

Name: Tullius, Mark

Test Date: 10/29/2019 11:49 AM   Age: 47   DOB: 8/19/1972   Sex: M   On Meds: U

Highest Education: Examiner ID: Unknown

F8 Attention Quotient = 107

Auditory	Visual
AQ = 104	AQ = 108

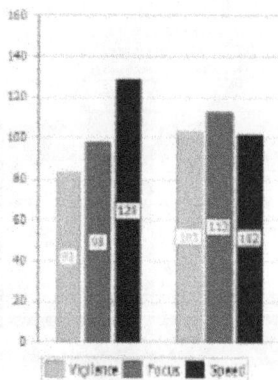

Vigilance   Focus   Speed

F8 Response Control Quotient = 104

Auditory	Visual
RCQ = 104	RCQ = 103

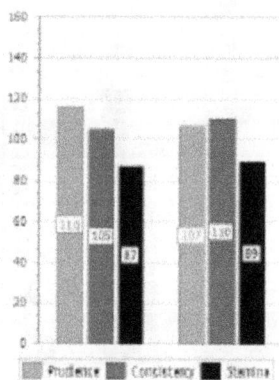

Prudence   Consistency   Stamina

Sustained Auditory Attention Quotient = 104   Sustained Visual Attention Quotient = 108

Auditory Response Validity Check: Valid

Visual Response Validity Check: Valid

Attention Factor: Positive   Impulsive Hyperactivity Factor: Negative

IVA-2 Standard Scale Analysis

Name: Tullius, Mark

Test Date: 12/20/2019 9:59 AM   Age: 47   DOB: 8/19/1972   Sex: M   On Meds: U

Highest Education: Examiner ID: Unknown

FS Attention Quotient = 121

Auditory	Visual
AQ = 123	AQ = 117

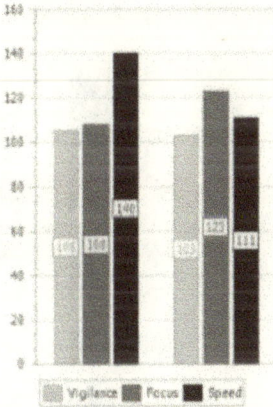

Vigilance	Focus	Speed
105	108	140

FS Response Control Quotient = 103

Auditory	Visual
RCQ = 96	RCQ = 109

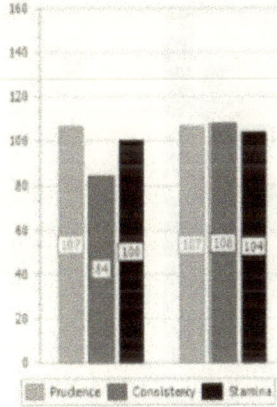

Prudence	Consistency	Stamina
107	84	100
107	108	104

Sustained Auditory Attention Quotient = 122   Sustained Visual Attention Quotient = 112

Auditory Response Validity Check: Valid

Visual Response Validity Check: Valid

Attention Factor: Negative   Impulsive Hyperactivity Factor: Negative

Test Date: 1/6/2020 10:56 AM   Age: 47   DOB: 8/19/1972   Sex: M   On Meds: U

Highest Education: Examiner ID: Unknown

FS Attention Quotient = 125		FS Response Control Quotient = 118	
Auditory	Visual	Auditory	Visual
AQ = 127	AQ = 120	RCQ = 117	RCQ = 114

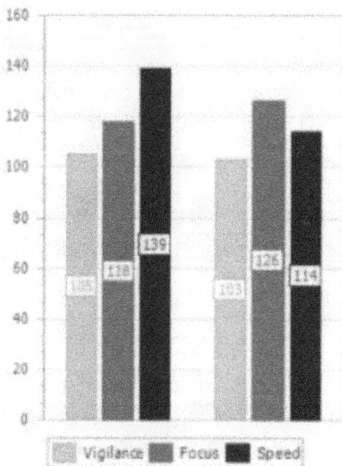

Vigilance Focus Speed

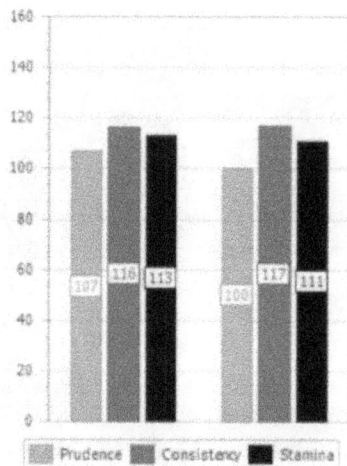

Prudence Consistency Stamina

Sustained Auditory Attention Quotient = 122   Sustained Visual Attention Quotient = 105

Auditory Response Validity Check: Valid

Visual Response Validity Check: Valid

Attention Factor: Negative   Impulsive Hyperactivity Factor: Positive

Traumatic Brain Injury Discriminant Analysis*

TBI DISCRIMINANT SCORE = 1.69   TBI PROBABILITY INDEX = 99.5%

The TBI Probability Index is the subject's probability of membership in the mild traumatic brain injury population. (see Thatcher et al, EEG and Clin. Neurophysiol., 73: 93-106, 1989.)

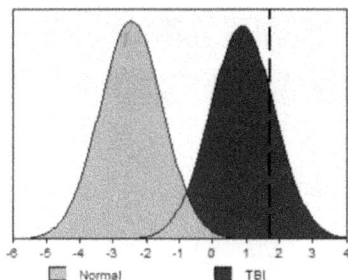

			RAW	Z
FP1-F3	COH	Theta	88.49	0.78
T3-T5	COH	Beta	80.20	1.98
C3-P3	COH	Beta	83.91	0.74
FP2-F4	PHA	Beta	0.07	-1.15
F3-F4	PHA	Beta	-0.06	-1.08
F4-T6	AMP	Alpha	63.36	1.96
F8-T6	AMP	Alpha	47.34	2.74
F4-T6	AMP	Beta	54.10	1.62
F8-T6	AMP	Beta	39.98	2.59
F3-O1	AMP	Alpha	-5.76	1.14
F4-O2	AMP	Alpha	4.54	1.13
F7-O1	AMP	Alpha	31.92	-1.68
F4-O2	AMP	Beta	25.42	1.19
P3	RP	Alpha	22.65	-2.09
P4	RP	Alpha	20.63	-2.33
O1	RP	Alpha	26.65	-2.08
O2	RP	Alpha	23.71	-2.48
T4	RP	Alpha	22.23	-1.68
T5	RP	Alpha	23.29	-2.25
T6	RP	Alpha	21.27	-2.48

TBI SEVERITY INDEX = 4.69

This severity score places the patient in the MODERATE range of severity.

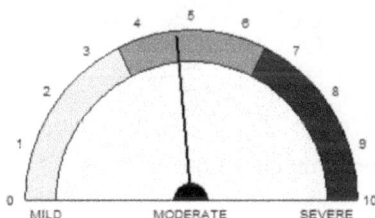

			RAW	Z
FP1-C3	COH	Delta	73.85	1.77
FP1-FP2	COH	Theta	88.29	0.47
O1-F7	COH	Alpha	33.53	0.28
O2-T6	COH	Alpha	77.37	-0.72
P3-O1	COH	Beta	85.06	1.29
FP1-T3	PHA	Theta	-1.05	-0.74
T3-T4	PHA	Theta	5.55	-0.47
O1-F7	PHA	Alpha	-3.93	-0.99
F7-F8	PHA	Alpha	-0.74	-0.75
T5-T6	PHA	Beta	0.99	-0.51
C3-F7	AMP	Delta	11.30	-1.04
FP2-F4	AMP	Delta	15.21	0.50
C4-F8	AMP	Delta	-18.61	-2.32
O1-O2	AMP	Theta	-10.47	-0.78
P3-F7	AMP	Alpha	18.31	-2.00
FP2-P4	AMP	Alpha	-7.25	1.48

The TBI Severity Index is an estimate of the neurological severity of injury. (see Thatcher et al, J. Neuropsychiatry and Clinical Neuroscience, 13(1): 77-87, 2001.)

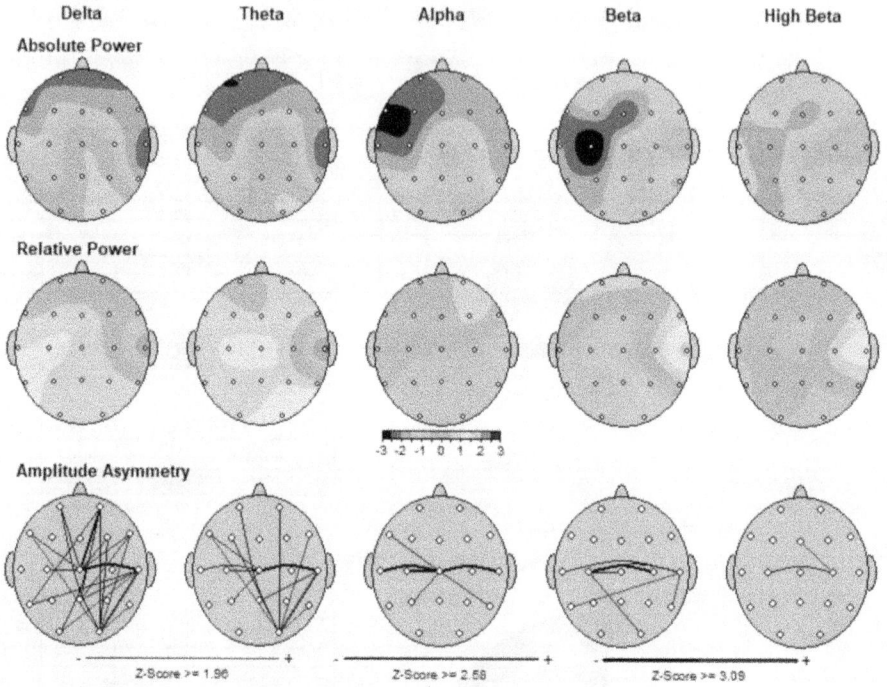

Z Scored FFT Summary Information

| Delta | Theta | Alpha | Beta | High Beta |

Absolute Power

Relative Power

-3 -2 -1 0 1 2 3

Amplitude Asymmetry

-   Z-Score >= 1.96   +
-   Z-Score >= 2.58   +
-   Z-Score >= 3.09   +

Das obere Bild ist vom August 2019

Z Scored FFT Summary Information

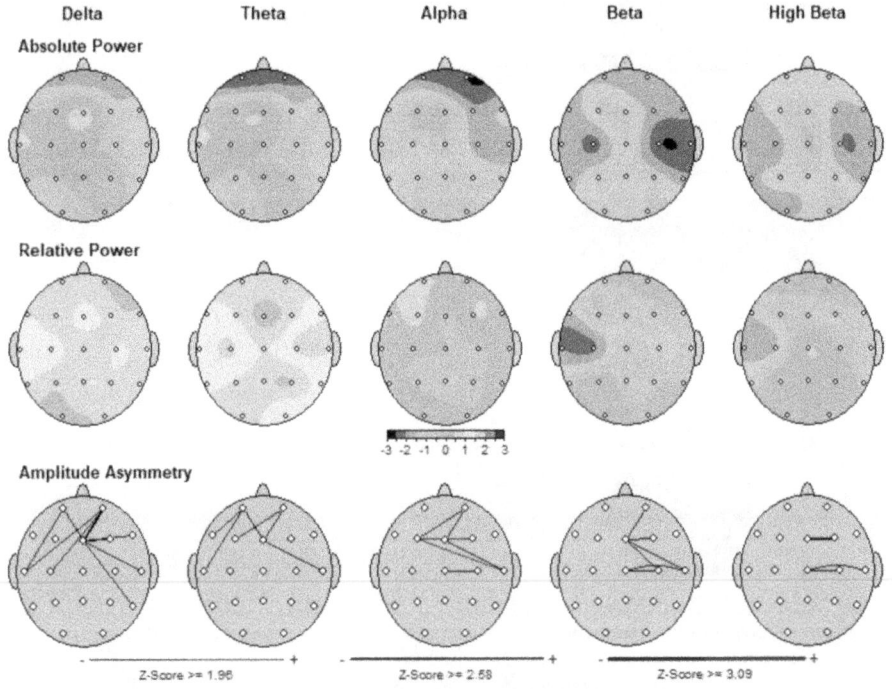

Das untere Bild ist vom Dezember 2019

vital
Heart & Spinal Care

Cognitive Assessment Report

Powered By
CAMBRIDGE
BRAIN SCIENCES

Assessment Details

ID:	matu123	Tasks Completed:	12
Gender:	Male	Completion Date:	08/22/2019 16:42
Date of Birth:	08/19/1972	Comparative Group:	Males, 45-54

Performance Summary

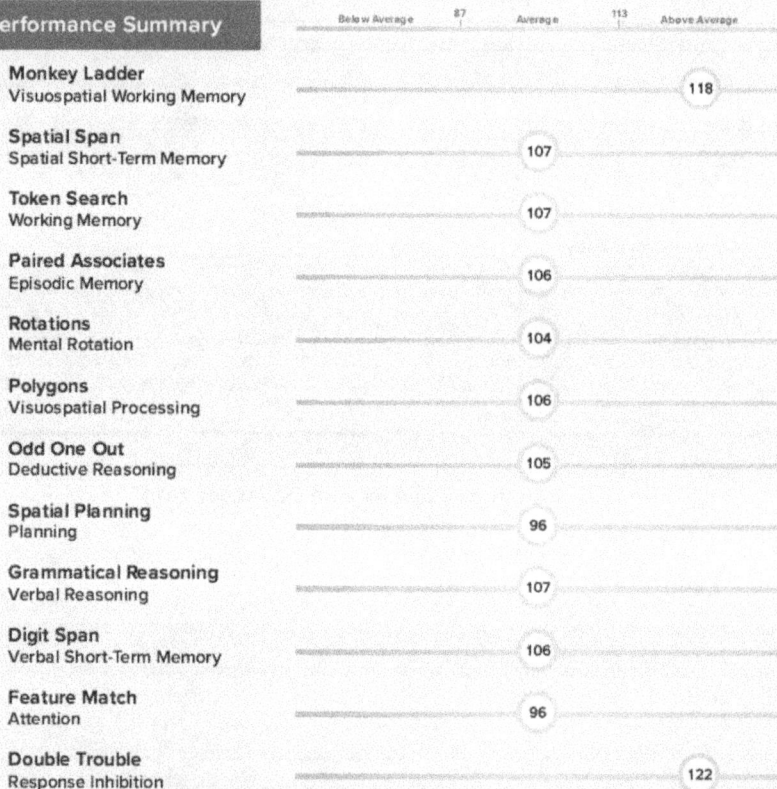

Below Average   87   Average   113   Above Average

Monkey Ladder
Visuospatial Working Memory — 118

Spatial Span
Spatial Short-Term Memory — 107

Token Search
Working Memory — 107

Paired Associates
Episodic Memory — 106

Rotations
Mental Rotation — 104

Polygons
Visuospatial Processing — 106

Odd One Out
Deductive Reasoning — 105

Spatial Planning
Planning — 96

Grammatical Reasoning
Verbal Reasoning — 107

Digit Span
Verbal Short-Term Memory — 106

Feature Match
Attention — 96

Double Trouble
Response Inhibition — 122

Cognitive Assessment Report

vital
Head & Spinal Care

Powered By
CAMBRIDGE BRAIN SCIENCES

Assessment Details

ID:	matu123	Tasks Completed:	12
Gender:	Male	Completion Date:	03/07/2020 11:11
Date of Birth:	08/19/1972	Comparative Group:	Males, 45-54

Performance Summary

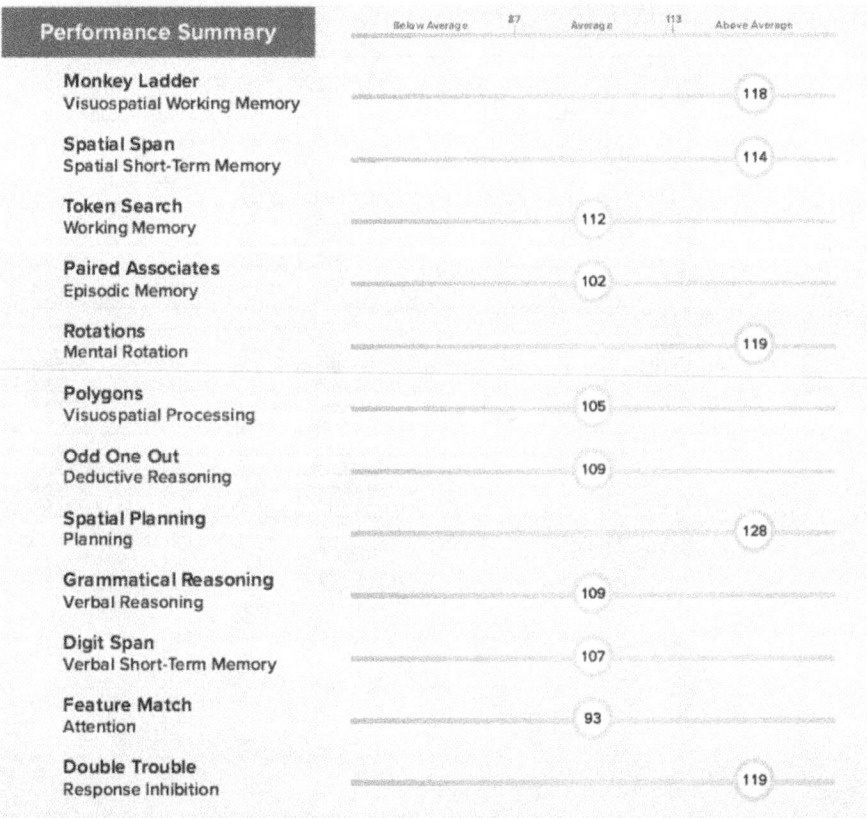

Below Average   87   Average   113   Above Average

Monkey Ladder
Visuospatial Working Memory — 118

Spatial Span
Spatial Short-Term Memory — 114

Token Search
Working Memory — 112

Paired Associates
Episodic Memory — 102

Rotations
Mental Rotation — 119

Polygons
Visuospatial Processing — 105

Odd One Out
Deductive Reasoning — 109

Spatial Planning
Planning — 128

Grammatical Reasoning
Verbal Reasoning — 109

Digit Span
Verbal Short-Term Memory — 107

Feature Match
Attention — 93

Double Trouble
Response Inhibition — 119

Millennium TBI Network
Rebuilding Hope one day at a time

Tullius, Mark (46)
Lab Date: 10/25/2018

Hormone Testing	Results	Range				04/19/18
Growth Hormone		4.0ng/ml*				1.45 N
Somatomedin C (IGF-1)*	122 LN	200 ng/ml*				155 N
IGF BP-3	4800 N	4000 ng/ml*				4900 N
DHEA-S**	482.2 HN	~301 ug/dl*				216.1 LN
Testosterone Free**	11.49 LN	~14 pg/ml*				8.14 LN
Testosterone Total	881 N	690 ng/ml*				470 N
Dihydrotestosterone (DHT)	46.3 N	55 ng/Dl*				21.2 N
Sex Hormone Binding Gb	73 HN	45 pg/ml*				42 N
Prostatic PSA		<4.0ng/ml				0.51 N
Estrone (E1)	25.7 N	< 60 pg/ml*				14.9 N
Estradiol (E2)	43.2 H	<40 pg/ml*				24.2 N
Pregnenolone**		80–100 ng/dl*				26.2 LN
Progesterone*		0.8ng/ml*				0.46 LN
FSH		7 mIU/ml*				2.4 LN
Luteinizing Hormone**	4.6 N	5.1 mIU/ml				3.2 LN
Prolactin**		14 ng/ml*				6.4 LN
Zinc		95 mcg/dL*				87 N
Insulin		< 25mIU/L				3.6 N
Vitamin D3***		80- 100 ng/dl*				28 L
TSH		<2.5 mcu/ml*				2.98 HN
T4, Free		1.5 ng/ml				1.28 LN
TSH Index		1.3 – 4.1				3.15 N
T3, Free		2.5 pg/ml				3.0 N
rT3		80–250 pg/ml				152 N
T3/rT3 Ratio		>1.06				1.97 N
TPO		<35				-
ACTH		< 35pg/ml *				-
Cortisol		< 15 ug/dl				8.6 N

* The IDEAL RANGE is at the 50th percentile of optimal. Treatment is geared to 50th – 75th percentile.

L = Low.   LN = Low-Normal.   N = Normal.   HN = High-Normal.   H = High

Active	Diagnosis	Status	Doctor	Phone	ICD-10
2018	D/A/M/LOC				
2018	Low-Normal DHEA-s		Mark L. Gordon, MD	818.990.1166	
2018	Low-Normal Free Testosterone		Mark L. Gordon, MD	818.990.1166	
2018	Low-Normal Pregnenolone		Mark L. Gordon, MD	818.990.1166	
2018	Low-Normal Prolactin		Mark L. Gordon, MD	818.990.1166	
2018	Hypovitaminosis D		Mark L. Gordon, MD	818.990.1166	

JETZT AUF DEUTSCH ERSCHIENEN

Brightside

In der ganzen Nation werden Telepathen zusammengetrieben und in die schöne Bergstadt Brightside geschickt. Man sagt ihnen, dass es dort genauso ist wie überall sonst, wahrscheinlich sogar schöner. Solange sie sich an die Regeln halten und nicht daran denken, jemals zu gehen. Joe Nolan ist einer der Angeklagten, ein Mann, der sein Leben damit verbracht hat, Dinge zu hören, die die Leute ungesagt ließen. Und jetzt bezahlt er an seinem hundertsten Tag in Brightside dafür und kämpft darum, sein Geheimnis in einer Stadt zu bewahren, in der kein Gedanke sicher ist.

Jenseits von Brightside

Der spannende Abschluss der Brightside-Saga. Dieser düstere Psychothriller beendet die unglaubliche Brightside-Saga! Schnappen Sie sich Ihr Exemplar und finden Sie heraus, warum Rezensenten sagen, es sei „... ein dunkles, verdrehtes Ende für eine seltsame und originelle Geschichte".

Vor Brightside: Mandy

Eine Kurzgeschichte, in der sich der Protagonist von Brightside, der jugendliche Joe Nolan, in einer kompromittierenden Lage befindet. Der Leser erfährt, dass die Menschen im Leben des Telepathen von klein auf oft annehmen, sie wüssten genau, was er will, obwohl er es doch ist, der ihre persönlichsten Gedanken und Wünsche kennt.

Diese Geschichte ist für ein erwachsenes Publikum gedacht.

JETZT AUF ENGLISCH ERSCHIENEN

Ain't No Messiah

Die Coming-of-Age-Geschichte von Joshua Campbell, einem Mann der todesverachtenden Wunder, dessen Vater ihn als die Wiederkunft Christi verkündet.

Dieser psychologische Thriller führt uns durch Joshuas Kindheit, in der er von seinem irdischen Vater körperlich und emotional missbraucht wurde, und ins Erwachsenenalter, in dem Joshua versucht, sich von seiner Familie und seiner Kirche zu lösen, um sein Glück zu finden.

Die ganze Welt sieht zu, wie Joshua sich darauf vorbereitet, der Welt endlich zu zeigen, wer er wirklich ist.

Untold Mayhem

24 einzigartige Geschichten von Wahnsinnigen und Monstern. Krimigeschichten voller Spannung, Horror und Mystery. Tauchen Sie ein in die Welt von Untold Mayhem.

Try Not to Die: In Brightside

Mark und 10. Planet Jiu Jitsu-Teamkollegin Dawna Gonzales setzen die Brightside-Saga fort und schließen die Lücke zwischen dem ersten Buch und der Fortsetzung, diesmal aus der Sicht einer weiblichen Teenager-Telepathin.

Try Not to Die: In the Pandemic

Mark und John Palisano führen die Leser in diesem interaktiven Abenteuer ohne Unterbrechung durch die intensivste Stunde, die sie jemals auf einem Kreuzfahrtschiff verbringen werden.

Twisted Reunion

"Altehrwürdiger Schrecken mit einer Prise Innovation" - Kirkus Rezensionen

Tauchen Sie mit 28 schaurigen Geschichten tief in die Dunkelheit ein. Erforschen Sie Herzschmerz, Glück und Horror in dieser Sammlung aller Geschichten aus *Each Dawn I Die*, *Every One's Lethal* und *Repackaged Presents*, plus zwei Bonusgeschichten.

25 Perfect Days: Plus 5 More

Ein totalitärer Staat entsteht nicht einfach über Nacht. Es ist ein langsames, gefährliches Abgleiten. 25 Perfect Days Plus 5 More beschreibt den Weg in eine höllische Zukunft mit Nahrungsmittelknappheit, verseuchtem Wasser, weitreichenden Inhaftierungen, einer ultra-radikalen Religion und den extremen Maßnahmen zur Reduzierung der Bevölkerung. In 30 miteinander verknüpften Geschichten, die jeweils aus der Sicht eines anderen Charakters geschrieben sind, fängt 25 Perfect Days die Opferbereitschaft, den Mut und die Liebe ein, die nötig sind, um diesen dystopischen Alptraum zu überleben und schließlich zu überwinden.

Try Not to Die: At Grandma's House

Es ist Großmutters Haus - ruhig, gemütlich, eingebettet in einen kleinen Berg in West Virginia. Was könnte da schon schiefgehen? Eine ganze Menge, um ehrlich zu sein.

Also halten Sie sich den Rücken frei. Wählen Sie mit Bedacht. Ein falscher Schritt kann Sie und Ihre kleine Schwester umbringen.

Um zu überleben, kämpfen Sie gegen Kreaturen, Bestien und sogar Ihre Großeltern, während Sie das Geheimnis um den Tod Ihres älteren Bruders in dieser interaktiven Graphic Novel lüften.

Unlocking the Cage

Für sein erstes Sachbuchprojekt reiste Tullius drei Jahre lang in 23 Staaten und besuchte 100 Fitnessstudios, wo er 340 Kämpfer interviewte, um zu verstehen, wer MMA-Kämpfer sind und warum sie kämpfen.

"Das Ergebnis ist eine überraschend aufschlussreiche Lektüre, die nicht nur für Enthusiasten des Boxens, Kämpfens und MMA im Besonderen zu empfehlen ist, sondern vor allem für Außenstehende, die die Idee eines solchen Sports verabscheuen, ohne seine Akteure wirklich zu verstehen. Diesem Publikum werden die Augen über viele Dinge geöffnet, einschließlich der Entwicklung von Werten und Reifeprozessen im Leben, und es wird entdecken, dass Unlocking the Cage auch vorgefasste Meinungen über einen wenig verstandenen Sport aufdeckt." - D. Donovan, Senior Reviewer, Midwest Book Review

DEMNÄCHST ERSCHEINEND

Try Not to Die: Super High

Mark und Steve Montgomery tun sich zusammen, um die Try Not to Die-Serie nach Florida zu bringen. Werden Sie ein junger, ehrgeiziger Scharfschütze und genießen Sie eine Nacht in Miami. Lassen Sie sich nur nicht von einem der Badesalzleute beißen.

Die Brücke

Das zweite Buch der Messiah-Pentalogie soll 2022 erscheinen.

ÜBER DEN AUTOR

Mark Tullius ist der Autor von "Unlocking the Cage", "Ain't No Messiah", "Twisted Reunion", "25 Perfect Days", "Brightside" und ist der Schöpfer der "Try Not to Die"-Serie. Mark wohnt mit seiner Frau und seinen zwei Kindern in Südkalifornien.

Um Mark zu folgen und sich mit ihm zu verbinden, klicken Sie bitte auf:: https://youcanfollow.me/MarkTullius

Um sich für Marks spamfreien Newsletter anzumelden, besuchen Sie seine Website: https://www.marktullius.com/

Seien Sie der Erste, der erfährt, wenn Marks nächstes Buch verfügbar ist! Folgen Sie ihm auf https://www.bookbub.com/authors/mark-tullius um eine Benachrichtigung zu erhalten, wenn er eine Neuerscheinung, eine Vorbestellung oder einen Rabatt hat!

Podcast – https://viciouswhispers.podbean.com
Goodreads – https://www.goodreads.com/author/show/6115084.Mark_Tullius
Website – www.MarkTullius.com
Instagram – @author_mark_tullius
Facebook – http://www.facebook.com/AuthorMarkTullius
Twitter – https://twitter.com/MarkTullius
YouTube – http://www.youtube.com/MarkTullius

Um kostenlose Hörbücher zu hören und Marks wöchentlichen Tiraden zu lauschen, sollten Sie nach seinem neuen Podcast Vicious Whispers mit Mark Tullius Ausschau halten, den Sie auf YouTube, iTunes, iHeart Radio, Spotify, Stitcher und anderen Orten, an denen Podcasts gespielt werden, finden können.

IHR KOSTENLOSES BUCH WARTET AUF SIE

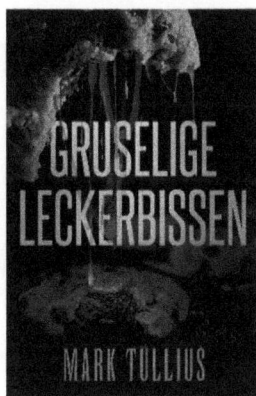

Melden Sie sich für Marks monatlichen Newsletter an, um Ihr kostenloses E-Book zu erhalten, frühzeitig auf Bücher zugreifen zu können, von Sonderangeboten zu profitieren und ihm zu sagen, welches Buch er als nächstes ins Deutsche übersetzen lassen soll.

https://dl.bookfunnel.com/6b8jcwcs36

Drei kurze Horrorgeschichten und ein Non-Fiction-Artikel von Mark Tullius, einem der schlagkräftigsten Autoren im Horror-Genre.

Diese Geschichten werden Sie mehr als nur ein bisschen beunruhigen. Sie handeln von:

- Einem übergewichtigen Vater, der von seiner Familie ignoriert wird
- Einem Gangmitglied, das in eine Kirche in der Nachbarschaft einbricht
- Einem Kameramann, der sich in einer ausweglosen Situation befindet
- Einem alternden Autor, der den Preis für seine draufgängerische Vergangenheit bezahlt und alles daransetzt, sein angeschlagenes Gehirn zu heilen

Diese schockierenden Geschichten machen Lust auf mehr.

www.ingramcontent.com/pod-product-compliance
Lightning Source LLC
Chambersburg PA
CBHW021540260326
41914CB00001B/88